Sitzungsberichte

der

mathematisch-naturwissenschaftlichen Abteilung

der

Bayerischen Akademie der Wissenschaften

zu München

1926. Heft II

Mai- bis Julisitzung

München 1926
Verlag der Bayerischen Akademie der Wissenschaften
in Kommission des Verlags R. Oldenbourg München

Sitzung am 15. Mai

1. Herr W. v. Dyck trägt vor über die Fortsetzung seiner Veröffentlichungen der von ihm wieder aufgefundenen Drucke und Manuskripte von Johannes Kepler.

Er hat im Frühjahr 1914 in der Nationalbibliothek und in der Bibliothek der Sternwarte in Paris eine Reihe einander ergänzender Briefe von Kepler an den Sekretär des Kurfürsten von Sachsen J. Seussius und an den Leipziger Astronomen Ph. Müller aus den Jahren 1622 und 1629—30 aufgefunden. Die Briefe von 1622 enthalten u. a. eine prägnante Zusammenfassung grundlegender Gedanken aus der 1619 herausgegebenen Harmonice mundi. Die Briefe nach Leipzig an Ph. Müller beziehen sich auf die Drucklegung der Beobachtungen von Tycho Brahe, welche Kepler bei seinem Aufenthalt in Sagan (bei Wallenstein) aufgenommen hat. Die Verhandlungen über die Beschaffung einer Druckerpresse, die Auswahl und den Guß der Lettern, die Lieferung des Papiers zeigen eindringlich die Schwierigkeiten, mit welchen damals die Drucklegung eines solchen Werkes verbunden war.

„Inmitten des Zusammenbruches — schreibt Kepler in seinem ersten Brief an Müller — von Städten, von Provinzen und Staatswesen, von alten und neuen Geschlechtern, inmitten der Furcht vor barbarischen Überfällen, vor gewaltsamer Zerstörung von Heim und Herd, sehe ich mich, ein Jünger des Mars, wenn auch kein jugendlicher, genötigt, Drucker zu dingen, um die Beobachtungen Tycho's herauszugeben. Ich unterdrücke jegliche Furcht und will mit Gottes Hülfe dies Werk auf militärische Weise ausführen, indem ich trotzig, kühn und übermütig heute meine Befehle erteile und die Sorge für mein Begräbnis dem morgigen Tag überlasse."

Die Herausgabe dieser und folgender Manuskripte soll zugleich als Vorarbeit für eine neue, würdige Gesamtausgabe der Werke Kepler's dienen, die schon vor dem Kriege geplant, sobald es die Umstände gestatten, in Angriff genommen werden soll. Herr Professor Dr. M. Caspar am Gymnasium in Rottweil, der verdiente Herausgeber des Kepler'schen Mysterium cosmographicum ist in gleicher Richtung mit einer Herausgabe des Marswerkes von Kepler beschäftigt und hat auch die Vorbereitung der vorliegenden Manuskripte für den Druck in dankenswertester Weise unterstützt.

(Die Briefe erscheinen in den Abhandlungen der Akademie.)

2. Herr C. Carathéodory legt vor eine Abhandlung von Herrn J. L. Walsh:

Über den Grad der Approximation einer analytischen Funktion.

Der Autor verallgemeinert mit einfachen Mitteln einen Satz von S. Bernstein. Er gibt ein notwendiges und hinreichendes Kriterium, um bei der Darstellung einer Funktion $F(z)$ durch eine Reihe von Polynomen zu entscheiden, ob sie auf einer gegebenen abgeschlossenen Punktmenge analytisch ist. Diese Punktmenge ist aber nicht ganz willkürlich; ihre Komplementärmenge muß ein einfach zusammenhängendes Gebiet sein.

(Erscheint in den Sitzungsberichten.)

Sitzung am 12. Juni

1. Herr S. Finsterwalder legt vor eine Abhandlung von Herrn Jos. Lutz:

Die allgemeine Lösung der Differentialgleichung

$$f_1(x, y)\,dx + f_2(xy)\,dy = 0,$$

worin f_1 und f_2 allgemeine rationale ganze Funktionen 4. Grades in x und y bedeuten.

Die Lösung erfolgt mittels der Theorie eines Konnexes 1. Ordnung, 4. Klasse und erscheint in einer von G. Darboux vorausbestimmten Form, für welche sie ein bemerkenswertes Beispiel bietet.

(Erscheint in den Sitzungsberichten.)

2. Herr E. v. Drygalski bespricht die horizontalen Tiefenströme des Indischen und Atlantischen Ozeans zwischen dem Südpolargebiet und den Tropen und berichtigt irreführende Darlegungen A. Pencks über das gleiche Problem. Von der in Ausführung begriffenen deutschen Meteor-Expedition ist die nähere Festlegung und Umgrenzung jener Strömungen zu erhoffen.

(Erscheint in den Sitzungsberichten.)

3. Herr E. Stromer v. Reichenbach legt vor:

Ergebnisse der Forschungsreisen in den Wüsten Ägyptens. V. Tertiäre Wirbeltiere, 1. Lorenz Müller: Beiträge zur Kenntnis der Krokodilier des ägyptischen Tertiärs. Mit 2 Tafeln, einer Doppeltafel und 4 Maßtabellen.

Der Verfasser beschreibt eingehend die verschiedenen Arten von Tomistoma und Crocodilus angehörigen zahlreichen und zum Teil sehr gut erhaltenen Fossilreste, welche Prof. Stromer und sein Sammler Markgraf in mehreren Tertiärstufen Ägyptens gesammelt haben, darunter zwei neue Tomistoma-Arten, wovon eine aus dem Mitteleocän die älteste bekannte ist. Eine Übersicht über alle fossilen Tomistoma-Arten und alle aus dem Tertiär Ägyptens bekannten Crocodilus-Arten sowie genaue Maße von Schädeln rezenter Arten von Gavialis, Tomistoma und Crocodilus erlauben zum Schlusse kritische Erörterungen über die systematischen Abgrenzungen und phyletischen Beziehungen dieser Krokodilier. Der Verfasser kommt dabei zu einem ablehnenden Standpunkte gegenüber bisherigen Versuchen, sie in stammesgeschichtliche Verbindung zu bringen. (Erscheint in den Abhandlungen.)

4. Herr O. Perron legt vor eine Arbeit von Dr. Lettenmeyer (München):

Über die an einer Unbestimmtheitsstelle regulären Lösungen eines Systems homogener linearer Differentialgleichungen.

Der Perronsche Satz, daß eine lineare Differentialgleichung n^{ter} Ordnung an einer s-fachen Nullstelle des Koeffizienten der höchsten Ableitung noch mindestens $n - s$ reguläre Integrale hat, wird auf Systeme linearer Differentialgleichungen übertragen, und zwar zunächst auf Systeme erster Ordnung in der kanonischen Form, dann aber mit Hilfe einiger neuer Matrixsätze auch auf ganz allgemeine Systeme. (Erscheint in den Sitzungsberichten.)

5. Herr O. Perron legt eine Arbeit vor:

Über Maxima und Minima und eine Modifikation des Begriffs der höheren Ableitungen.

Bei dem gewöhnlichen Kriterium für ein Extremum einer Funktion einer Variabeln (erste Ableitung gleich null, zweite Ableitung von null verschieden) ist die Stetigkeit der zweiten Ableitung nicht erforderlich. Verfasser zeigt zunächst an einem Beispiel, daß dagegen bei Funktionen mehrerer Variabeln die Stetigkeit der zweiten Ableitungen durchaus wesentlich ist, und beseitigt dann diesen Unterschied im Verhalten von Funktionen einer und mehrerer Variabeln dadurch, daß er an Stelle des Begriffs der höheren Ableitungen einen etwas abweichenden Begriff einführt. (Erscheint in den Sitzungsberichten.)

Sitzung am 3. Juli

Herr R. Willstätter trägt eine gemeinsam mit F. Weber ausgeführte Untersuchung über das Verhalten von Peroxydasen gegen Hydroperoxyd vor. Eigentümliche Erscheinungen der Enzymhemmung werden aufgedeckt und theoretische Folgerungen hinsichtlich des Verlaufs der Atmungsvorgänge in der lebenden Zelle daraus gezogen.

Über den Grad der Approximation einer analytischen Funktion.

Von J. L. Walsh[1]).

Vorgelegt von C. Carathéodory in der Sitzung am 15. Mai 1926.

Der folgende Satz scheint mir bemerkenswert zu sein, obwohl das Wesentlichste des Beweises sich schon in der Literatur vorfindet:

Es sei C irgend eine beschränkte Punktmenge der z-Ebene, deren Komplementärmenge (in Bezug auf die ganze z-Ebene) ein einfach zusammenhängender Bereich also offen B ist. Es sei $u = \varphi(z)$ eine Funktion, die B auf das Äußere des Einheitskreises der u-Ebene abbildet, indem die unendlichen Punkte $u = \infty$, $z = \infty$ einander entsprechen. Wir bezeichnen mit $C_R\,(R > 1)$ die Jordansche Kurve $|\varphi(z)| = R$, d. h. das Bild in der z-Ebene des Kreises $|u| = R$.

Eine notwendige und hinreichende Bedingung dafür, daß eine beliebige auf C definierte Funktion $F(z)$ auf C regulär-analytisch sei, besteht darin, daß Polynome $V_n(z)$ vom Grad n für $n = 0, 1, 2, \ldots$ existieren, so daß die Ungleichheiten

$$(1) \qquad |F(z) - V_n(z)| \leqq \frac{M}{R^n}, \qquad \left(\begin{array}{c} M,\ R > 1, \text{ konstante,} \\ \text{von } n \text{ und } z \text{ unabhängig} \end{array}\right)$$

gleichmäßig für jedes z auf C gelten.

Wenn die Polynome $V_n(z)$ gegeben sind, derartig daß (1) befriedigt ist, so ist $F(z)$ im ganzen Inneren von C_R regulär-analytisch.

---

[1]) National Research Fellow.

Wenn $F(z)$ im abgeschlossenen Inneren von C_ϱ regulär ist, so gilt bei passender Wahl der $V_n(z)$ die Ungleichheit (1) für $R = \varrho$.

Dieser Satz wurde schon von S. Bernstein bewiesen[1]) für den Fall, daß C eine geradlinige Strecke ist. Der allgemeinere Satz gilt auch, wenn C irgend ein Jordansches Kurvenstück ist, und unter viel weiteren Bedingungen. Die Punktmenge C ist aber immer abgeschlossen, weil B ein Bereich (daher offen) ist.

Es ist gleichgültig, ob wir voraussetzen, daß $V_n(z)$ vom Grad n ist, oder von einem Grad nicht größer als n[2]). Wenn $V_n(z)$ von einem Grad kleiner als n ist, so bekommt man ein passendes neues Polynom $V_n(z)$ vom genauen Grad n durch die Addition zu $V_n(z)$ eines beliebigen Polynomes vom genauen Grad n, dessen absoluter Betrag auf C kleiner als M/R^n ist. Die Ungleichheit (1) ist dann durch das neue Polynom $V_n(z)$ befriedigt, wenn man M durch $2M$ ersetzt.

Unser Satz gilt auch im trivialen Falle, daß die Punktmenge C aus einem einzigen Punkt besteht, obgleich die Funktion $\varphi(z)$ dann nicht mehr existiert; wir dürfen einfach $F(z)$ als konstant auf der ganzen Ebene nehmen, wenn die Polynome $V_n(z)$ gegeben sind, und die Polynome $V_n(z)$ als konstant, wenn die Funktion $F(z)$ gegeben ist; die Kurven C_R bleiben dagegen ganz willkürlich.

Wenn die Ungleichheit (1) vorgegeben ist, braucht man natürlich nicht vorauszusetzen, daß sie für jedes z auf C befriedigt ist. Z. B. wenn diese Ungleichheit für jedes z auf dem Rande irgend eines beschränkten Bereiches E gilt, so gilt sie auch für jedes z auf einer Punktmenge C der obigen Art, deren sämtliche Randpunkte auch Randpunkte von E sind. Im allgemeinen, wenn (1) für jedes z einer beschränkten Punktmenge P gilt, so gilt sie für jedes z, das ein Häufungspunkt von P ist, und übrigens auch für jedes z, das sich nicht mit dem Punkt ∞ durch einen Streckenzug verbinden läßt, der weder Punkte von P noch Häufungs-

[1]) Mémoires, Acad. Roy. de Belg., Classe des Sciences, (2) IV (1912), S. 36, 94.

[2]) Der Beweis des Hilfssatzes sowie des Hauptsatzes gilt in der Tat ohne Änderung, wenn nur $V(z)$ von einem Grad nicht größer als n ist.

punkte von P enthält[1]). Solch ein Punkt z ist, in der Tat, entweder ein Punkt oder Häufungspunkt von P, oder er liegt im Inneren eines Bereiches, dessen Rand aus lauter solchen Punkten besteht. Die Fortsetzung der Funktion $F(z)$ auf die neuen Punkte wird immer durch die Folge $V_n(z)$ kraft der Ungleichheit (1) gemacht.

Um den Beweis des Hauptsatzes zu vereinfachen, beweisen wir zuerst einen Hilfsatz; hier schließen wir den Fall aus, daß C aus einem einzigen Punkt besteht.

Hilfsatz. Befriedigt ein Polynom $Q(z)$ vom Grad n die Ungleichheit

$$(2) \qquad |Q(z)| \leq L, \qquad L \text{ konstant},$$

für jedes z auf der obigen Punktmenge C, dann befriedigt Q die Ungleichheit

$$(3) \qquad |Q(z)| \leqq L R_1^n,$$

wenn z auf oder im Inneren von C_{R_1} liegt.

Die Funktion $Q(z)/[\varphi(z)]^n$ ist nämlich in jedem Punkt von B regulär-analytisch, auch im Punkt ∞. Diese Funktion $Q(z)/[\varphi(z)]^n$ ist vielleicht im abgeschlossenen Bereich B unstetig, aber ihr absoluter Betrag ist dort stetig. Das Maximum ihres absoluten Betrags im abgeschlossenen Bereich B ist auf dem Rande von B — d. h. auf C — erreicht, und ist nach (2) nicht größer als L, da $|\varphi(z)| = 1$ auf dem Rande von B ist. Diese Funktion $Q(z)/[\varphi(z)]^n$ ist also auf C_{R_1}: $|\varphi(z)| = R_1$, nicht größer als L, die Ungleichheit (3) gilt für jedes z auf C_{R_1}, also für jedes z innerhalb C_{R_1}, womit der Hilfsatz bewiesen ist.

Dieser Hilfsatz wurde gleichfalls von Bernstein bewiesen[2]), für den Fall, daß C eine geradlinige Strecke ist. Die hier benutzte Methode stammt aber von M. Riesz her[3]) und wurde von ihm benutzt, um den Bernsteinschen Fall des Hilfsatzes zu beweisen.

---

[1]) Vgl. Walsh, zwei Abhandlungen über Entwicklungen nach Polynomen, welche bald in den Mathematischen Annalen erscheinen.

[2]) Loc. cit., S. 15.

[3]) Acta Mathematica 40 (1916), S. 337—347. Siehe auch Mittag-Leffler, Münchner Berichte (1915), S. 419—424; Montel, Bull. de la Soc. Math. de France 46 (1918), S. 151—192.

Jetzt erhalten wir leicht den Hauptsatz. Wenn die Funktion $F(z)$ und die Polynome $V(z)$ gegeben sind, so daß (1) für jedes z auf C befriedigt ist, bekommen wir die Ungleichheiten[1])

$$|F(z) - V_{n-1}(z)| \leqq \frac{M}{R^{n-1}},$$

$$|V_n(z) - V_{n-1}(z)| \leqq M\frac{1+R}{R^n},$$

gleichfalls für jedes n und für jedes z auf C. Das Polynom $V_n(z) - V_{n-1}(z)$ ist vom Grad n, so daß nach (3) die Ungleichheit

$$|V_n(z) - V_{n-1}(z)| \leqq M(1+R)\left(\frac{R_1}{R}\right)^n$$

für jedes z auf oder im Inneren von C_{R_1} gilt. Die Folge $V_n(z)$ konvergiert also gleichmäßig auf und im Inneren von C_{R_1}, wenn nur $R_1 < R$ ist. Die Grenzfunktion $F(z)$ dieser Folge ist also im ganzen Inneren von C_R regulär-analytisch.

Wir beweisen die zweite Hälfte unseres Satzes durch die bekannten Polynome von Herrn Faber[2]). Wir nehmen zuerst den Fall, daß die Punktmenge C durch eine regulär-analytische Jordansche Kurve C' begrenzt ist. Die gegebene Funktion $F(z)$ ist im abgeschlossenen Inneren von C_ϱ regulär, daher im abgeschlossenen Inneren einer Kurve C_{ϱ_1} regulär, worin $\varrho_1 > \varrho$ ist.

Nach Herrn Faber gilt die Entwicklung

(4) $$F(z) = a_0 P_0(z) + a_1 P_1(z) + a_2 P_2(z) + \dots$$

für z auf und im Inneren von C', worin man die zur Kurve C' gehörenden Polynome $P_n(z)$ benutzt, und worin man

(5) $$\lim_{n\to\infty} \sqrt[n]{|P_n(z)|} = 1$$

---

[1]) Es ist selbstverständlich, daß man im Hauptsatz die Ungleichheit (1) durch die folgende Ungleichheit ersetzen kann:

$$|V_n(z) - V_{n-1}(z)| \leqq \frac{M'}{R^n}, \qquad M',\ R > 1, \text{ konstante, von } n \text{ und } z \text{ unabhängig},$$

die sich auf die der Folge $V_n(z)$ entsprechende Reihe

$$V_0(z) + \sum_{n=1}^{\infty} (V_n(z) - V_{n-1}(z))$$

natürlich anwendet. In diesem Falle ist die Funktion $F(z)$ bloß als die Grenzfunktion der Folge oder der Reihe definiert.

[2]) Math. Ann. 57 (1903), S. 389—408.

gleichmäßig für alle z auf C' hat[1]). Man hat auch[2])

$$(6)\qquad a_n = \frac{1}{2\pi i}\int\limits_{K_\omega} F[\psi(\tau)]\,\tau^{n-1}\,d\tau.$$

In (6) bezeichnet $z = \psi(\tau)$ die Funktion, die das Innere des Einheitskreises $|\tau| = 1$ auf B abbildet, so daß $\tau = 0$ dem Punkt $z = \infty$ entspricht.

Die Kurve K_ω ist der Kreis $|\tau| = \omega$, und in unserem Falle dürfen wir $\omega = 1/\varrho_1$ nehmen.

Es sei

$$|F(z)| \leq N$$

für alle z auf C_{ϱ_1}; durch (6) bekommt man

$$(7)\qquad |a_n| \leq \frac{1}{2\pi}\int\limits_{K_\omega} |F[\psi(\tau)]|\cdot|\tau|^{n-1}\cdot|d\tau| \leq \frac{N}{\varrho_1^n}.$$

Wir setzen jetzt[3])

$$V_n(z) = \sum_{i=0}^{n} a_i P_i(z).$$

Wir erhalten durch (5) die Ungleichheit

$$\sqrt[n]{|P_n(z)|} \leq \frac{\varrho_1}{\varrho}$$

gleichmäßig für jedes z auf C', wenn nur n genügend groß ist, und daher ist

$$|P_n(z)| \leq D\left(\frac{\varrho_1}{\varrho}\right)^n, \quad D \text{ konstant, von } n \text{ und } z \text{ unabhängig,}$$

für jedes z auf C' und für jedes n. Kraft der Gleichung (4) und der Ungleichheit (7) bekommen wir jetzt die Ungleichheit

$$(8)\qquad |F(z) - V_n(z)| \leq \frac{ND}{\varrho^n(\varrho - 1)}$$

für jedes z auf oder im Inneren von C', d. h. für jedes z auf der Punktmenge C.

---

[1]) Loc. cit. S. 394.

[2]) Loc. cit. S. 395.

[3]) Vgl. aber die obige Erörterung über den Grad von $V_n(z)$; es kann natürlich vorkommen, daß a_n verschwindet.

Wenn die Punktmenge C nicht durch eine regulär-analytische Jordansche Kurve begrenzt ist, doch $F(z)$ sich auf C regulär-analytisch verhält, so ist $F(z)$ auf und im Inneren einer Kurve C_ν regulär[1]), also auf und im Inneren einer Kurve $C_{\nu'}$ $(\nu' > \nu)$ regulär. Wir nehmen $\nu = \varrho$, wenn es vorausgesetzt ist, daß $F(z)$ im abgeschlossenen Inneren von C_ϱ regulär ist. Die soeben gegebene Diskussion, wo C' durch $C_{\frac{\nu'}{\nu}}$ ersetzt wird, liefert jetzt die gewünschte Ungleichheit (8), die für jedes z auf oder im Inneren von $C_{\frac{\nu'}{\nu}}$ (daher auch für jedes z auf C) gilt, worin $\varrho = \nu$ ist, und worin N das Maximum von $F(z)$ auf C'_{ν_1} $(\nu_1' > \nu')$ ist. Die Funktion

$$u = \frac{\nu}{\nu'}\,\varphi(z)$$

bildet in der Tat das Äußere von $C_{\frac{\nu'}{\nu}}$ auf das Äußere des Einheitskreises $|u| = 1$ ab, und die durch die Gleichung

$$\left|\frac{\nu}{\nu'}\,\varphi(z)\right| = \nu = \varrho$$

definierte Kurve ist $C_{\nu'}$. Der Hauptsatz ist jetzt vollständig bewiesen.

Die hier bewiesene Tatsache, daß, wenn die Punktmenge C durch eine regulär-analytische Jordansche Kurve begrenzt ist und wenn $F(z)$ im abgeschlossenen Inneren von C_ϱ regulär ist, die Ungleichheit (1) für $R = \varrho$ bei passender Wahl der $V_n(z)$ gilt, wurde schon von Herrn Szegö[2]) ausgesprochen und nach dem Vorbilde von Fejér durch Interpolationsmethoden bewiesen. Man kann auch im vorliegenden Beweis dieser Tatsache die zu einer

---

[1]) Man führt leicht einen formellen Beweis dieser Tatsache. Die Funktion $F(z)$ ist auf und im Inneren einer Jordanschen Kurve K regulär, wobei C ganz im Inneren von K liegt; vgl. Walsh, loc. cit. Die Kurve K verläuft ganz im Inneren des Bereiches B, und ihr durch die Transformation $u = \varphi(z)$ erhaltenes Bild in der u-Ebene ist eine Jordansche Kurve K', die ganz im Inneren des Bereiches $|u| > 1$ verläuft. Es existiert also eine Kurve $|u| = \nu > 1$ im Inneren der Kurve K'; die Kurve C_ν liegt im Inneren von K selbst und die Punktmenge C liegt ganz im Inneren von C_ν.

Der Beweis der Existenz der Kurve $C_{\nu'}$ ist ähnlich.

[2]) Math. Zeitschr. 9 (1921), S. 218—270; insbesondere S. 266.

Kurve gehörenden Polynome von Herrn Szegö (loc. cit.) an Stelle der Polynome von Herrn Faber gebrauchen. Durch die Polynome von Faber oder Szegö und Ergebnisse von Herrn Carathéodory[1]) über konforme Abbildung, kann man den folgenden Teil des Hauptsatzes beweisen: wenn C das abgeschlossene Innere einer Jordanschen Kurve ist (der Beweis gilt auch in allgemeineren Fällen), und wenn (1) auf C befriedigt ist, so ist $F(z)$ im Inneren der obigen Kurve C_R regulär-analytisch[2]).

Es ist interessant, zu bemerken, daß eine Folge von Polynomen $V_n(z)$ die Ungleichheit (1) in mehreren getrennten Gebieten befriedigen kann, während die entsprechenden Funktionen $F(z)$ in diesen Gebieten nicht Fortsetzungen derselben monogenen analytischen Funktion sind[3]).

Unser Hilfsatz und seine Anwendung gelten auch im wesentlichen in diesem Falle. Ist C die beschränkte abgeschlossene Punktmenge, die aus den besagten Gebieten besteht, und ist B die zu C Komplementärmenge, so existiert eine Funktion $u(x, y)$ in B harmonisch, auf der zu B entsprechenden abgeschlossenen Punktmenge stetig, auf der Begrenzung von B Null, und die sich im Punkt ∞ wie $\log \sqrt{x^2 + y^2}$ plus eine im Punkt ∞ regulär-harmonische Funktion verhält. Die Orte

$$e^{u(x, y)} = R, \qquad R > 1,$$

wovon jeder aus einer endlichen Anzahl Jordanscher Kurven besteht, spielen die Rolle der im obigen betrachteten Kurve C_R.

---

1) Math. Ann. 72 (1912), S. 107—144; Kap. III.

2) Vgl. Walsh, loc. cit. Nur ein Teil dieser Behauptung wird dort ausführlich erhalten. Hierzu braucht man natürlich nicht den Hilfsatz des vorliegenden Artikels.

3) Einige Beispiele befinden sich bei Montel, Séries de Polynomes Paris 1910), Kap. IV.

Die allgemeine Lösung der Differentialgleichung:
$f_1(x, y)\,dx + f_2(x, y)\,dy = 0$,
worin f_1 und f_2 allgemeine rationale ganze Funktionen 4. Grades in x und y bedeuten.

Von **Josef Lutz** in Augsburg.

Mit 5 Figuren.

Vorgelegt von S. Finsterwalder in der Sitzung am 12. Juni 1926.

I. Connex, Nullsystem und Berührungstransformation.

§ 1. Allgemeines.

In meiner Dissertation: „Über die Erzeugung höherer ebener Nullsysteme und ihren Zusammenhang mit den Connexen $(1, n)$" [1]) habe ich im letzten Absatze darauf aufmerksam gemacht, daß für die Integralkurven eines Connexes (1, 2) eine Invariante in Form eines Doppelverhältnisses existieren muß. Von diesem Gedanken ausgehend, stellte ich Überlegungen an, die zur Lösung der obigen Differentialgleichung führten.

Um das Folgende leichter im Zusammenhange lesen zu können, sollen die Begriffe Connex, Nullsystem, sowie deren Zusammenhang mit den Differentialgleichungen 1. Ordnung erörtert werden.

In der analytischen Geometrie der Ebene bezeichnet man Formen, welche sowohl eine Reihe Punktkoordinaten als auch eine Reihe Linienkoordinaten enthalten, als Zwischenformen. Die geometrischen Gebilde, welche durch Nullsetzen einer solchen Form analytisch dargestellt werden, werden nach Clebsch Connexe[2]) genannt. Einem solchen Gebilde kommt eine eigentliche geometrische Gestalt nicht mehr zu. Sie werden dargestellt durch eine algebraische Gleichung, welche die Koordinaten eines beweg-

---

[1]) München, Technische Hochschule 1920.

[2]) Vgl. Clebsch-Lindemann: Vorlesungen über Geometrie, I. Bd., S. 924.

lichen Punktes x und einer beweglichen Geaden u je in homogener Weise enthält, d. h. durch eine Gleichung von der Form:

$$f(x, u) - a_x^m \cdot u_\alpha^n = 0.$$

In dieser symbolischen Gestalt bedeutet:

$$a_x = a_1 x_1 + a_2 x_2 + a_3 x_3,$$
$$u_\alpha = u_1 \alpha_1 + u_2 \alpha_2 + u_3 \alpha_3.$$

a_x^m und u_α^n sind symbolische Potenzen dieser linearen Formen.

Jedes Glied der Grundform $f(x, u) = 0$ enthält die x zur m^{ten}, die u zur n^{ten} Dimension. Man spricht vom Connex m^{ter} Ordnung und n^{ter} Klasse, vom Connex (m, n).

Vermöge der Gleichung $f(x, u) = 0$ entsprechen jeder Geraden u unendlich viele Punkte x, welche eine Kurve m^{ter} Ordnung C_x bilden; jedem Punkte x entsprechen unendlich viele Gerade u, welche eine Kurve n^{ter} Klasse C_u umhüllen. Jede Kombination eines Punktes x der Ebene mit einer Geraden u derselben wird als „Element (x, u)“ bezeichnet. Man erhält die Gesamtheit der Elemente (x, u) einer Ebene, wenn man jeden der zweifach unendlich vielen Punkte x mit jeder der zweifach unendlich vielen Geraden u kombiniert. Aus dieser vierfach unendlichen Zahl von Elementen scheidet die Gleichung des Connexes (m, n) eine dreifach unendliche Schar von Elementen aus. Zwei Connexe haben zweifach unendlich viele Elemente gemeinsam; die Gesamtheit der letzteren heißt Coincidenz. Insbesondere bezeichnet man als Hauptcoincidenz die Gesamtheit der Elemente, welche den Gleichungen:

$$1)\ a_x^m u_\alpha^n = 0 \quad \text{und} \quad 2)\ u_x = 0 \equiv u_1 x_1 + u_2 x_2 + u_3 x_1$$

genügen. Es bilden hier gemeinsame Elemente:

1. Jeder Punkt mit n durch ihn gehenden Strahlen, den n Coincidenzstrahlen des Punktes. Es sind dies die von dem Punkte an seine zugehörige C_u möglichen Tangenten.

2. Jeder Strahl mit m auf ihm liegenden Punkten, den m Coincidenzpunkten des Strahles. Es sind dies die m Schnittpunkte des Strahles mit seiner zugehörigen C_x.

Es gehört somit zu jedem Connexe (m, n) eine Hauptcoincidenz; umgekehrt gibt es unendlich viele Connexe (m, n), denen eine gegebene Hauptcoincidenz angehört. Denn ist $f \equiv a_x^m u_\alpha^n = 0$ der gegebene Connex, so enthalten offenbar alle Connexe $f + M \cdot u_x = 0$, wo $M = 0$ einen beliebigen Connex $(m - 1,\ n - 1)$ darstellt, dieselbe Hauptcoincidenz wie $f = 0$. Betrachten wir nun den Connex $(1, n)$ und seine Hauptcoincidenz. Vermöge seiner Gleichung $a_x u_\alpha^n = 0$ entspricht einer Geraden u eine zweite Gerade u_1 und der Schnittpunkt beider Geraden bildet mit u das Element der Hauptcoincidenz. Durch diesen Schnittpunkt gehen aber alle Geraden, welche der Geraden u durch einen Connex $a_x u_\alpha^n + u_{\alpha_1}^{n-1} \cdot u_x = 0$ zugewiesen sind. Greifen wir einen von diesen Connexen heraus, so entsprechen einer Geraden u zwei Gerade u_1 und u_2, welche sich stets auf u schneiden. Wir haben eine Geradepunktverwandtschaft, welche sich in der Anordnung eines Nullsystems befindet: jede Gerade geht durch den ihr zugeordneten Punkt. Die Ordnung der Nullkurve, welche einem Strahlenbüschel m^{ter} Klasse C_m entspricht, bestimmen wir folgendermaßen.

Durch jeden Punkt x gehen n Gerade, für welche x Punkt der Hauptcoincidenz wird: die n Tangenten an C_u. Die Enveloppe U_v aller durch die Punkte einer Geraden v gehenden Geraden ist somit von der $(n + 1)^{\text{ten}}$ Klasse, da v einmal Tangente von U_v wird. Die Ordnung der Nullkurve oder die Anzahl ihrer Schnittpunkte mit der Geraden v ist dann offenbar gleich der Anzahl der gemeinschaftlichen Tangenten von C_m und U_v, also $m(n + 1)$. Wir nennen $n + 1$ den Grad des Nullsystems. In diesem entspricht also einer Kurve m^{ter} Klasse C_m im allgemeinen eine Nullkurve N von der $m(n + 1)^{\text{ten}}$ Ordnung.

Wir stellen nun die Frage: Gibt es in dieser Nullverwandtschaft $(n + 1)^{\text{ten}}$ Grades Kurven, welche durch die Verwandtschaft in sich übergeführt werden? Offenbar müssen dies Kurven sein von der Eigenschaft, daß die Tangente in jedem ihrer Punkte mit einem Coincidenzstrahl dieses Punktes zusammenfällt, oder mit andern Worten: Element der Hauptcoincidenz muß sein jede Tangente der Kurve und deren Berührpunkt. Durch diese Forderung werden wir auf den Zusammenhang der Hauptcoincidenz eines allgemeinen Connexes (m, n) mit den algebraischen Differentialgleichungen erster Ordnung verwiesen.

Wenn man durch jeden Punkt der Ebene die n Richtungen der Geraden zieht, welche ihm in der Hauptcoincidenz entsprechen, und diese als Bogenelemente eines Kurvensystems betrachtet, so setzt sich aus ihnen ein System von Kurven zusammen, von denen n durch jeden Punkt hindurchgehen; die Tangenten der Kurven in diesem Punkte sind die n Strahlen, welche dem Punkte in der Hauptcoincidenz entsprechen. Um diese Kurven zu finden, hat man die Differentialgleichung zu integrieren, die wie folgt gefunden wird.

Wir setzen wieder $f = a_x^m u_\alpha^n$. Es sei u eine durch einen Punkt x gehende Gerade der Hauptcoincidenz, so daß also für dieses Element $(x u)$ gilt: $f(x, u) = 0$ und $u_x = 0$. Ein zu x benachbarter Punkt $x + dx$ befriedigt dann die Gleichungen:

$$u_{dx} = u_1 dx_1 + u_2 dx_2 + u_3 dx_3 = 0,$$
$$u_x \equiv u_1 x_1 + u_2 x_2 + u_3 x_3 = 0;$$

hieraus

$$\varrho u_1 = x_2 dx_3 - x_3 dx_2; \quad \varrho u_2 = x_3 dx_1 - x_1 dx_3;$$
$$\varrho u_3 = x_1 dx_2 - x_2 dx_1.$$

In $f = 0$ oder $f + M \cdot u_x = 0$ eingesetzt, ergibt sich die Differentialgleichung:

$$f(x_1, x_2, x_3;\ x_2 dx_3 - x_3 dx_2,\ x_3 dx_1 - x_1 dx_3;\ x_1 dx_2 - x_2 dx_1) = \\ = 0 \equiv a_x^m (a x dx)^n.$$

Die hierdurch dargestellten Kurven nennt man Hauptcoincidenz- oder Integralkurven des Connexes $f = 0$. Zu denselben Kurven gelangt man, wenn man dualistisch ausgeht von einem Strahle u und seinen m Coincidenzpunkten.

§ 2. Der Connex (1, 1), das Amesedersche Nullsystem und die W-Kurven.

Die Gleichung des Connexes (1, 1) lautet:

$$f(x, u) = a_x u_\alpha \equiv \Sigma\Sigma a_{ik} x_i u_k = 0.$$

Sie gibt eine besondere Darstellung der allgemeinen Kollineation: zu jedem Punkte x gehört ein Punkt y als Träger des von den entsprechenden Geraden u gebildeten Strahlenbüschels. Da die Kollineation im allgemeinen in der kanonischen Form $\varrho y_i = k_i x_i$ angenommen werden darf, so kann auch der allgemeine Connex $a_x u_\alpha = 0$ transformiert werden auf die kanonische Form: $k_1 u_1 x_1 + k_2 u_2 x_2 + k_3 u_3 x_3 = 0$.

Die Hauptcoincidenz wird dargestellt durch die Gleichungen:

$$1)\quad k_1 u_1 x_1 + k_2 u_2 x_2 + k_3 u_3 x_3 = 0,$$
$$2)\quad u_1 x_1 + u_2 x_2 + u_3 x_3 = 0.$$

Dieselbe Hauptcoincidenz gehört auch allen Connexen an von der Form:

$$k_1 u_1 x_1 + k_2 u_2 x_2 + k_3 u_3 x_3 + \mu \cdot u_x = 0,$$

wo μ eine Konstante bedeutet. Durch diese Connexschar ist offenbar ein Nullsystem festgelegt. U_v ist von der 2. Klasse, die Nullverwandtschaft ist also quadratisch. Aus 1) und 2) bestimmt sich der Nullpunkt oder die Hauptcoincidenz zu:

$$\varrho X_1 = (k_3 - k_2) u_2 u_3,$$
$$\varrho X_2 = (k_1 - k_3) u_1 u_3,$$
$$\varrho X_3 = (k_2 - k_1) u_1 u_2.$$

Die Ecken des Koordinatendreiecks seien I, II, III. Eine Gerade u schneide die Seiten $x_1 = 0$; $x_2 = 0$; $x_3 = 0$ in den Punkten M, N, O. Dann können wir zeigen, daß das D.V.[1]) $(MNOX) =$ Konst.:

III O hat die Gleichung $u_1 x_1 + u_2 x_2 = 0$, oder als Strahl des Büschels III: $x_1 - \lambda_1 x_2 = 0$; durch Vergleich ergibt sich $\lambda_1 = -\frac{u_2}{u_1}$.

Gerade III X habe die Gleichung $x_1 - \lambda_2 x_2 = 0$; λ_2 erhalten wir, wenn wir für x_1 und x_2 die Werte X_1 und X_2 einsetzen:

$$(k_3 - k_2) u_2 u_3 - \lambda_2 (k_1 - k_3) u_1 u_3 = 0, \quad \text{woraus } \lambda_2 = \frac{u_2}{u_1} \cdot \frac{k_3 - k_2}{k_1 - k_3}.$$

Die 4 Strahlen III M, III N, III O, III X haben somit das D.V.: $\lambda = \frac{\lambda_1}{\lambda_2} = \frac{k_1 - k_3}{k_2 - k_3} =$ Konst.; also ist auch immer $(MNOX) =$ Konst. $= \lambda$.

Ameseder hat das nach ihm benannte Nullsystem umgekehrt dadurch definiert, daß er jeder Geraden u einer Ebene den Punkt X auf ihr zuordnete, welcher mit den 3 Schnittpunkten M, N, O auf 3 beliebigen, aber festen Geraden der Ebene ein konstantes D.V. bildet.

---

[1]) D.V. Abkürzung für Doppelverhältnis.

Wir wollen nun die Hauptcoincidenzkurven ermitteln. Die Differentialgleichung lautet:

$$k_1 x_1 (x_2 dx_3 - x_3 dx_2) + k_2 x_2 (x_3 dx_1 - x_1 dx_3) + k_3 x_3 (x_1 dx_2 - x_2 dx_1) = 0,$$

oder umgeformt:

$$(k_2 - k_3) \frac{dx_1}{x_1} + (k_3 - k_1) \frac{dx_2}{x_2} + (k_1 - k_2) \frac{dx_3}{x_3} = 0.$$

Somit lauten die Integralkurven:

$$x_1^{k_2 - k_3} \cdot x_2^{k_3 - k_1} \cdot x_3^{k_1 - k_2} = \text{Konst.}$$

In Linienkoordinaten erhalten wir genau dieselbe Gleichung:

$$u_1^{k_2 - k_3} \cdot u_2^{k_3 - k_1} \cdot u_3^{k_1 - k_2} = \text{Konst.}$$

Von diesen Kurven können wir nun sofort folgenden Satz aussprechen:

Das D.V. des Berührungspunktes einer Tangente einer Integralkurve des Connexes (1, 1) und der drei Schnittpunkte der Tangente mit den Seiten des Fundamentaldreiecks ist konstant und für jede Kurve des Systems dasselbe.

Gewöhnlich wird dieser Satz in ganz anderer Weise abgeleitet[1]).

Diese Integralkurven sind bekannt unter dem Namen *W*-Kurven. Sie sind für alles Weitere dieser Abhandlung von grundlegender Bedeutung; namentlich der zuletzt angeführte Satz über das D.V. wird von uns verwertet werden.

§ 3. Synthetische Erzeugung von Nullsystemen und Zusammenhang mit entsprechenden Connexen.

Wenn wir zu jeder Geraden u einer Ebene in irgend einer Weise ein Dreieck in Beziehung setzen und die Amesedersche Operation (D.V.) mit dieser Geraden und dem Dreieck ausführen, so gelangen wir zu Nullsystemen höheren Grades. Das jeder Geraden u entsprechende Dreieck A, B, C wollen wir ein „Amesedersches Dreieck (= Am. $\triangle$) nennen; die Operation für die Bestimmung des einer Geraden entsprechenden Punktes X drücken wir dahin aus, daß wir sagen: wir bestimmen den zur Geraden u

---

[1]) Clebsch-Lindemann, I. Bd., p. 997 und Wieleitner: Ebene spezielle Kurven, p. 347.

gehörigen „Dreieckswurf λ" ($= D_\lambda$). In folgender Weise definieren wir unser Nullsystem:

Die Ebene ε sei in dreifacher Weise korrelativ auf sich selbst bezogen, so daß dem Geradenfeld ε drei in ihm gelegene Punktfelder ε_1, ε_2, ε_3 zugeordnet sind. Zu jeder Geraden u in ε können wir so ein Am. $\triangle$ und D_λ bestimmen. Wir haben also ein Nullsystem vor uns und zwar das allgemeinste, das wir auf Grund solcher D_λ im Gebiete der linearen Transformationen bestimmen können. In meiner Dissertation ist gezeigt, daß dieses Nullsystem vom 5. Grade ist. Einer Kurve m^{ter} Klasse entspricht also eine Nullkurve von der $5\,m^{\text{ten}}$ Ordnung.

Wir haben bereits auf S. 235 hingewiesen auf den Zusammenhang zwischen dem durch den Connex (1, 1) analytisch definierten Nullsystem 2. Grades und dem von *Ameseder* geometrisch konstruierten Nullsystem 2. Grades. Es ist leicht einzusehen, daß beide Systeme identisch sind, folglich sind auch die Integralkurven dieselben. Ein genauer Beweis hiefür ist in meiner Dissertation angegeben. Dort ist ebenfalls gezeigt, daß jedes irgendwie geometrisch konstruierte Nullsystem 3. Grades auf einen Normaltyp zurückgeführt werden kann, der identisch ist mit dem durch den Connex (1, 2) analytisch definierten Nullsystem 3. Grades. Es müssen daher auch die Integralkurven in diesen Systemen dieselben sein.

Nun liegt die Vermutung nahe, daß das oben definierte Nullsystem 5. Grades ($5 = 4 + 1$) und der Connex (1, 4) in enger Beziehung zueinander stehen. Wir werden später (§ 13) zeigen, daß das Nullsystem des Connexes (1, 4) und das oben synthetisch konstruierte Nullsystem 5. Grades identisch sind, daß das letztere immer durch den allgemeinen Connex (1, 4) analytisch bestimmt werden kann. Gelingt es uns, die Integralkurven des geometrisch konstruierten Nullsystems zu finden, so sind damit auch die Integralkurven des Connexes (1, 4) ermittelt.

Die Differentialgleichung dieser Integralkurven lautet in Linienkoordinaten:

$$f_1 \cdot (u_2 du_3 - u_3 du_2) + f_2 \cdot (u_3 du_1 - u_1 du_3) + f_3 \cdot (u_1 du_2 - u_2 du_1) = 0.$$

Diese Gleichung geht hervor aus dem Connex (1, 4): $f_1 \cdot x_1 + f_2 \cdot x_2 + f_3 \cdot x_3 = 0$, worin f_1, f_2, f_3 rationale homogene Funktionen 4. Grades in u_1, u_2, u_3 bedeuten. Schreiben wir obige Differentialgleichung in der Form:

$$(f_2 u_3 - f_3 u_2) \cdot du_1 + (f_3 u_1 - f_1 u_3) du_2 + (f_1 u_2 - f_2 u_1) du_3 = 0.$$

Ist speziell $f_3 = 0$, so erhalten wir die Differentialgleichung:

$$f_2 u_3 du_1 - f_1 u_3 du_2 + (f_1 u_2 - f_2 u_1) du_3 = 0,$$

oder geschrieben in gewöhnlichen Koordinaten[1]): $f_2 du - f_1 dv = 0$. Setzen wir $f_2 = F_1$, $-f_1 = F_2$, so lautet die Gleichung: $F_1 du + F_2 dv = 0$.

F_1 und F_2 sind Funktionen 4. Grades in u und v. Kennen wir die Integralkurven des Connexes (1, 4), so kennen wir als Spezialfall auch die Integralkurven der letzten Differentialgleichung. Letztere bietet einen einheitlicheren Abschluß einer Gruppe linearer Differentialgleichungen 1. Ordnung und deshalb erscheint es zweckmäßig, von der allgemeinen Lösung dieser Differentialgleichung zu sprechen, anstatt von der allgemeinen Lösung der durch den Connex (1, 4) bestimmten Differentialgleichung.

§ 4. Der fundamentale Grundgedanke zur Lösung.

Wir wollen die sich selbst entsprechenden Kurven unseres synthetisch aufgebauten Nullsystems auffinden. Erinnern wir uns des fundamentalen Sates über die W-Kurven, den Integralkurven des quadratischen Nullsystems oder des Connexes (1, 1): Es existiert für diese Kurven eine Invariante in Form des D.V. λ.

Unser Nullsystem 5. Grades ist durch die Invariante μ aufgebaut, durch D_μ. Die auftretenden Dreiecke sind jedoch veränderlich.

$\Omega = 0$ sei eine sich selbst entsprechende Kurve, eine Integralkurve dieses Systems. Solche Kurven werden immer existieren, denn wir können den Connex bestimmen[2]), der den Nullpunkt als Hauptcoincidenzpunkt hat. Ein Connex hat aber immer Integralkurven.

I, II, III sei das Koordinatendreieck, u eine Tangente an Ω. Vermöge der 3 Korrelationen entspricht der Tangente u das $\triangle ABC$ und Berührpunkt X als Nullpunkt nach D_μ. Denken wir uns nun das zu u gehörige $\triangle ABC$ festgehalten, so umhüllen Gerade v

---

[1]) $u_1 = u$, $u_2 = v$, $u_3 = 1$, $du_3 = 0$.

[2]) Siehe § 7.

W-Kurven im System ABC (D.V. μ). In X berührt dann eine dieser W-Kurven W_u die Kurve Ω und die Tangente u. Das gilt für alle Tangenten u von Ω, d. h. Ω ist die Enveloppe aller W-Kurven W_u.

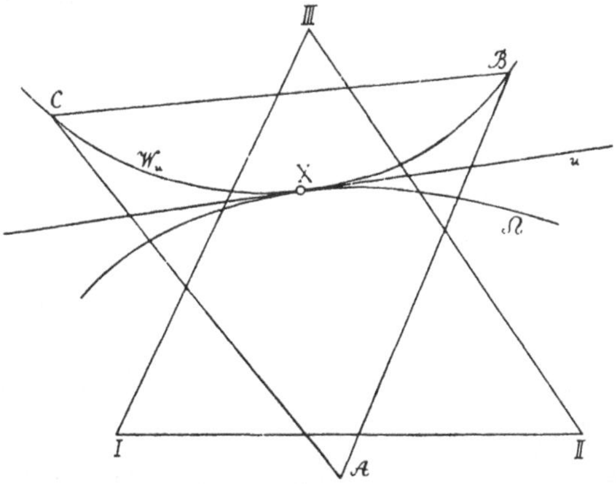

Figur 1.

Betrachten wir diese Beziehung von anderem Gesichtspunkte aus. Die Schar der Ω ist durch die Differentialgleichung des Connexes bestimmt, der seinerseits durch das Nullsystem festgelegt ist. In gewöhnlichen Punktkoordinaten sei diese Differentialgleichung: 1) $f(x, y, y') = 0$. Die Integralkurven dieser Differentialgleichung können wir durch Elimination finden, wenn wir eine zweite Gleichung 2) $\varphi(x, y, y', a) = 0$ kennen, so daß die gemeinsamen Linienelemente[1]) der beiden Gleichungen einen Elementverein[1]) bilden. Jede dieser Differentialgleichungen besitzt ∞^1 Integralgebilde. In der Regel gibt es kein Integralgebilde, das beiden Gleichungen gemeinsam ist[2]).

In unserem Falle enthält die Differentialgleichung der W-Kurven W_u der variablen Dreiecke ABC dieselben Linienelemente, die der Gleichung 1) genügen müssen. Damit ist der Weg angedeutet, der uns zur Lösung führt. Wir finden diese am besten und einfachsten durch Anwendung der Lehre von den Berührungstransformationen.

---

[1]) Siehe § 5.

[2]) φ müßte einer bestimmten partiellen Differentialgleichung genügen.

§ 5. Die W-Kurven W_u und die dazu gehörige Berührungstransformation.

Nach Lie-Scheffers heißt eine Transformation in den 3 Veränderlichen x, y, y' (den Koordinaten eines Linienelementes der Ebene):

$$1)\qquad x_1 = X(x, y, y'); \quad y_1 = Y(x, y, y'); \quad y_1' = P(x, y, y')$$

eine Berührungstransformation der (x, y) Ebene, wenn sie jeden Verein von Linienelementen (x, y, y') in einen Elementverein überführt. Die Begriffe Linienelement, Elementverein seien kurz erläutert.

Anstatt zu sagen, daß zwei einander berührende Kurven einen Punkt und die Tangente daselbst gemein haben, sagen wir: die Kurven besitzen ein gemeinsames Linienelement, wobei der Inbegriff eines Punktes (x, y) und einer durch ihn hindurchgehenden Geraden als Linienelement bezeichnet wird. Eine Kurve definiert nicht nur ∞^1 Punkte und ∞^1 Tangenten, sondern auch ∞^1 Linienelemente, die wir die Linienelemente der Kurve nennen. Diese Linienelemente müssen die Differentialrelation

$$2)\qquad dy - y'dx = 0$$

erfüllen. Eine solche Schar von Linienelementen heißt ein Elementverein.

Obige Transformation 1) wird nur dann eine Berührungstransformation, wenn

$$3)\qquad dy_1 - y_1' dx_1 = 0,$$

d. h. es muß sein:

$$4)\qquad dy_1 - y_1' dx_1 = \varrho(x, y, y') \cdot (dy - y'dx).$$

Nur dann werden irgend zwei Kurven der (x, y) Ebene, die sich berühren, übergeführt in zwei Kurven der $(x_1 y_1)$ Ebene, die sich ebenfalls berühren.

Dasselbe gilt für die Transformation der Linienkoordinaten der Tangenten zweier Kurven.

Da $u = -\dfrac{y'}{xy' - y}$, $v = \dfrac{1}{xy' - y}$, $v' = -\dfrac{x}{y}$, so erfüllen auch die Linienkoordinaten die Relation:

$$5)\qquad dv_1 - v_1' du_1 = \varrho' \cdot (dv - v' du).$$

Im folgenden[1]) benützen wir die Transformation der Linienkoordinaten.

Aus den Gleichungen 1) ergibt sich durch Elimination eine Gleichung

6) $$\Omega(x, y, x_1, y_1) = 0.$$

Diese Gleichung (aequatio direktrix) stellt alle Berührungstransformationen der Ebene dar.

Auf Grund von 4) folgen aus ihr die Relationen:

7) $$\begin{aligned} &\frac{\partial \Omega}{\partial x} + p\,\frac{\partial \Omega}{\partial y} = 0 \qquad (p = y'), \\ &\frac{\partial \Omega}{\partial x_1} + p_1 \frac{\partial \Omega}{\partial y_1} = 0 \qquad (p_1 = y_1'). \end{aligned}$$

Jede Berührungstransformation wird bestimmt durch die 3 Gleichungen:

$$\Omega = 0; \quad \Omega_x + p\,\Omega_y = 0; \quad \Omega_{x_1} + p_1 \Omega_{y_1} = 0.$$

Sind umgekehrt 3 solche Gleichungen nach x, y, y' ebensowohl wie nach x_1, y_1, y_1' auflösbar, so bestimmen sie eine Berührungstransformation.

$\Omega = 0$ stellt eine B.T.[2]) dar, wenn durch diese Gleichung ∞^2 voneinander verschiedene Kurven in x_1, y_1 dargestellt werden, sobald x, y als Parameter aufgefaßt werden[3]).

Kehren wir nun zu unserm Problem zurück. Vermöge entsprechender Gleichungen, die wir alsbald aufstellen, seien die Koordinaten des Dreiecks ABC analytisch bestimmt. Dann können wir auch die Gleichung der W-Kurven W_u des Dreiecks ABC angeben. Dieselbe wird die Form haben:

$$f(v_1, v_2, v_3;\ u_1, u_2, u_3;\ C) = 0,$$

worin die v als laufende Koordinaten anzusehen sind, während die u als Koordinaten der Geraden u Parameter sind. C ist Integrationskonstante; halten wir ein beliebiges C fest, so bekommen wir für die ∞^2 Geraden u der Ebene ∞^2 W-Kurven; wir haben also eine Berührungstransformation. Umhüllen die u eine

1) S. 249.

2) B.T. = Abkürzung für Berührungstransformation.

3) Lie-Scheffers, Bd. I, p. 53, Ausgabe 1912.

Kurve C_u, so ist die Enveloppe der W-Kurven die transformierte Kurve C'_v.

Hat nun die durch $f = 0$ definierte B.T. Kurven, welche sich Punkt für Punkt selbst entsprechen, so sind diese sich selbst entsprechenden Kurven die Integralkurven des Nullsystems.

Wir haben bereits erkannt, daß das Nullsystem auf alle Fälle Integralkurven hat. Im späteren Verlauf der Arbeit wird es darauf ankommen, die B.T. so zu bestimmen, daß diese selbstentsprechende Kurven hat, die alsdann die Integralkurven darstellen.

Ich habe in der Literatur über B.T. keine Abhandlung gefunden, die sich mit solchen B.T. befaßt, welche Kurven haben, die sich Punkt für Punkt oder Gerade für Gerade selbst entsprechen. Nur auf eine französische Arbeit von Lattès ist in der Enzyklopädie der math. Wissenschaften von Liebmann[1]) aufmerksam gemacht. Doch ist hier von Kurven die Rede, deren Überführung in sich folgende Figur veranschaulicht:

Figur 2.

Der $(x\ y)$ entsprechende Punkt $(x_1\ y_1)$ liegt also wohl auf der Kurve, fällt aber nicht zusammen mit $(x\ y)$. Im nächsten Paragraphen werden daher B.T. untersucht, wie wir sie für unser Problem benötigen.

§ 6. Berührungstransformationen, welche eine punktweise sich selbst entsprechende Kurve haben.

Gegeben sei die B.T. durch die Gleichung:

1) $$\Omega(x, y, x_1, y_1) = 0.$$

Dann kann eine sich selbst entsprechende Kurve nur die Gleichung haben: $\Omega(x, y, x_1, y_1)_{\substack{x_1 = x \\ y_1 = y}} = 0$.

Wir zeigen dies folgendermaßen:

Sei $\Phi(x, y) = 0$ eine Kurve, welche sich Punkt für Punkt selbst entspricht. Ist zunächst irgend eine Kurve $\varphi(x, y) = 0$ gegeben, so ist die ihr durch die B.T. entsprechende Kurve bestimmt als Enveloppe aller Kurven $\Omega(x, y, x_1, y_1) = 0$, worin

[1]) Bd. III 3, Heft 4, S. 468.

x und y als Parameter auch noch der Gleichung $\varphi(x, y) = 0$ genügen müssen. Aus $\varphi = 0$ und $\Omega = 0$ können wir etwa y eliminieren, so daß wir nur mehr eine einfach unendliche Kurvenschar Ω haben mit dem Parameter x. Deren Enveloppe kann in bekannter Weise ermittelt werden. Einem Punkte (x, y) und $(x + dx,\ y + dx)$ entsprechen alsdann zwei unendlich benachbarte Kurven $\Omega = 0$ und $\Omega' = 0$ und deren Schnittpunkt ist der Punkt (x_1, y_1), der dem Punkt (x, y) entspricht.

Soll (x_1, y_1) mit (x, y) identisch sein, so muß die Kurve $\Omega(x, y, x_1, y_1) = 0$, worin x und y nun als fest und x_1, y_1 als laufende Koordinaten anzusehen sind, durch den Punkt (x, y) hindurchgehen, d. h. die Gleichung $\Omega(x, y, x_1, y_1) = 0$ muß befriedigt sein für $x_1 = x$, $y_1 = y$. Das muß aber für alle Punkte von $\Phi = 0$ der Fall sein, d. h. für unendlich viele Punkte muß stattfinden:

$$(\Omega(x, y, x_1, y_1))_{\substack{x_1 = x \\ y_1 = y}} = 0.$$

Das sind offenbar eben nur die Punkte der Kurve

$$(\Omega(x, y, x_1, y_1))_{\substack{x_1 = x \\ y_1 = y}} = 0$$

selbst. Angenommen, es gäbe noch eine andere Kurve $\Omega' = 0$, die sich selbst entspricht, so müßte für alle deren Punkte sein: $(\Omega)_{\substack{x_1 = x \\ y_1 = y}} = 0$. Die ∞^1 Punkte von $\Omega' = 0$ würden also auch die Gleichung $\Omega = 0$ befriedigen; dies kann aber nur sein, wenn $\Omega' \equiv \Omega$.

Wenn also eine sich selbst entsprechende Kurve existiert, so ist dies nur die durch die Gleichung $(\Omega)_{\substack{x_1 = x \\ y_1 = y}} = 0$ bestimmte Kurve.

Wir wollen nun die notwendigen und hinreichenden Bedingungen für die Existenz einer solchen Kurve angeben.

Aus Gleichung 1) $\Omega(x, y, x_1, y_1) = 0$ ergeben sich die weiteren:

$$2)\ \frac{\partial \Omega}{\partial x} + p\frac{\partial \Omega}{\partial y} = 0; \quad 3)\ \frac{\partial \Omega}{\partial x_1} + p_1\frac{\partial \Omega}{\partial y_1} = 0.$$

Hieraus können wir die Transformation bestimmen:

$$x_1 = f_1(x, y, p); \quad y_1 = f_2(x, y, p); \quad p_1 = f_3(x, y, p).$$

Soll $x_1 \equiv x$, $y_1 \equiv y$ werden, so muß auch p_1 in p übergehen; es muß also sein:

$$\left(\frac{\partial \Omega}{\partial x}\right)_{\substack{x_1=x\\y_1=y}} + p\left(\frac{\partial \Omega}{\partial y}\right)_{\substack{x_1=x\\y_1=y}} = 0 \text{ und}$$

$$\left(\frac{\partial \Omega}{\partial x_1}\right)_{\substack{x_1=x\\y_1=y}} + p\left(\frac{\partial \Omega}{\partial y_1}\right)_{\substack{x_1=x\\y_1=y}} = 0.$$

Dies ist nur möglich, wenn

4) $$\left(\frac{\partial \Omega}{\partial x}\right)_{\substack{x_1=x\\y_1=y}} \equiv \varrho\left(\frac{\partial \Omega}{\partial x_1}\right)_{\substack{x_1=x\\y_1=y}}$$
$$\left(\frac{\partial \Omega}{\partial y}\right)_{\substack{x_1=x\\y_1=y}} \equiv \varrho\left(\frac{\partial \Omega}{\partial y_1}\right)_{\substack{x_1=x\\y_1=y}}$$

ϱ muß hier $= 1$ angenommen werden.

Wir hätten auch folgendermaßen überlegen können:

$\frac{\partial \Omega}{\partial x}\xi + \frac{\partial \Omega}{\partial y}\eta + C = 0$ ist die Gleichung der Tangente von $\Omega = 0$ in einem Punkte (x, y), wenn x_1, y_1 festgehalten ist.

$\frac{\partial \Omega}{\partial x_1}\xi + \frac{\partial \Omega}{\partial y_1}\eta + C = 0$ ist die Gleichung der Tangente von $\Omega = 0$ in einem Punkte x_1, y_1, wenn x, y festgehalten ist.

Die Tangenten müssen zusammenfallen, wenn $x \equiv x_1$; $y \equiv y_1$ hieraus folgen die Gleichungen 4).

Beispiel: Gegeben sei eine B.T. durch die Gleichung: $\Omega \equiv xx_1 + y + y_1 = 0$. Dadurch ist die Transformation durch reziproke Polaren inbezug auf die Parabel $x^2 + 2y = 0$ dargestellt. Die Gleichung der Polaren des Punktes (x, y) lautet: $xx_1 + y + y_1 = 0$. Ohne weiteres ist klar, daß die sich selbst entsprechende Kurve die Parabel $x^2 + 2y = 0$ ist; bestätigen wir dies auf Grund obiger Ausführungen:

$$(\Omega)_{\substack{x_1=x\\y_1=y}} \equiv (xx_1 + y + y_1)_{\substack{x_1=x\\y_1=y}} = x^2 + 2y = 0.$$

Wir zeigen, daß die Bedingungen 4) erfüllt sind.

$$\frac{\partial \Omega}{\partial x} + p\frac{\partial \Omega}{\partial y} \equiv x_1 + p = 0, \quad \frac{\partial \Omega}{\partial x} = x_1; \quad \frac{\partial \Omega}{\partial y} = 1,$$

$$\frac{\partial \Omega}{\partial x_1} + p_1\frac{\partial \Omega}{\partial y_1} \equiv x + p_1 = 0, \quad \frac{\partial \Omega}{\partial x_1} = x; \quad \frac{\partial \Omega}{\partial y_1} = 1.$$

Es ist in der Tat:

$$\left(\frac{\partial \Omega}{\partial x}\right)_{\substack{x_1 = x \\ y_1 = y}} = x = \left(\frac{\partial \Omega}{\partial x_1}\right)_{\substack{x_1 = x \\ y_1 = y}}$$

$$\left(\frac{\partial \Omega}{\partial y}\right)_{\substack{x_1 = x \\ y_1 = y}} = 1 = \left(\frac{\partial \Omega}{\partial y_1}\right)_{\substack{x_1 = x \\ y_1 = y}}$$

II. Die rechnerische Durchführung des Problems.

§ 7. Koordinaten des Nullpunkts im Nullsystem.

I, II, III sei das Koordinatendreieck, A, B, C ein Am. $\triangle$, das einer Geraden u der Ebene vermöge dreier allgemeiner Funktionsgruppen entsprechen möge. Der Fall, daß diese Funktionsgruppen 3 Korrelationen darstellen, ist dann in unserer Betrachtung enthalten. A habe die Koordinaten x_i, $B - y_i$, $C - z_i$. Dann ist:

$$\varrho x_i = f_i; \quad \varrho y_i = g_i; \quad \varrho z_i = h_i.$$

f, g, h sind irgendwelche Funktionen von u_1, u_2, u_3.

Der Nullpunkt X soll auf u so bestimmt werden, daß $(MNOX) = \mu$, wobei μ eine Konstante bedeutet (D.V. μ).

M Schnittpunkt von u mit BC,
N „ „ u „ AC,
O „ „ u „ AB.

$$(MNOX) = \frac{MO}{NO} : \frac{MX}{NX} = \mu_1 : \mu_2.$$

Wir bestimmen zunächst μ_1. Die Koordinaten von M, N, O seien beziehungsweise ξ_i, η_i, ζ_i. Irgend ein Punkt auf BC hat die Koordinaten $\varrho \tau_i = g_i - \lambda h_i$. Da ξ auch auf der Geraden $u_1 x_1 + u_2 x_2 + u_3 x_3 = 0$ liegt, so gilt: $u_1 \tau_1 + u_2 \tau_2 + u_3 \tau_3 = 0$, oder $u_1 g_1 + u_2 g_2 + u_3 g_3 - \lambda (u_1 h_1 + u_2 h_2 + u_3 h_3) = 0$.

Schreiben wir für $u_1 g_1 + u_2 g_2 + u_3 g_3 = u_g$ etc., so haben wir:

$$u_g - \lambda u_h = 0; \quad \lambda = \frac{u_g}{u_h}.$$

Somit sind die Koordinaten von M:

$$\varrho \xi_i = g_i - \frac{u_g}{u_h} \cdot h_i \text{ oder } \varrho' \xi_i = g_i u_h - h_i u_g.$$

Analog Koordinaten von N: $\varrho'' \eta_i = h_i u_f - f_i u_h$,

" " " O: $\varrho''' \zeta_i = f_i u_g - g_i u_f$.

Die Punkte der Geraden u wollen wir uns unter Benützung von M und N als Grundpunkten in Parameterform geben:

$$\varrho \nu_i = \xi_i - \mu_1 \eta_i .$$

Setzen wir für ν_i die Koordinaten von O ein, so können wir das dazu gehörige μ_1 ermitteln. Schreiben wir in Zukunft für

$$f_i u_g - g_i u_f = (f_i g_i) \text{ etc.},$$

so ergibt diese Substitution:

$$\varrho (f_1 g_1) = (g_1 h_1) - \mu_1 (h_1 f_1),$$
$$\varrho (f_2 g_2) = (g_2 h_2) - \mu_1 (h_2 f_2),$$
$$\varrho (f_3 g_3) = (g_3 h_3) - \mu_1 (h_3 f_3).$$

Dividieren wir die beiden ersten Gleichungen durcheinander, so ergibt sich zur Bestimmung von μ_1 die Beziehung:

$$\frac{(f_1 g_1)}{(f_2 g_2)} = \frac{(g_1 h_1) - \mu_1 (h_1 f_1)}{(g_2 h_2) - \mu_1 (h_2 f_2)}; \text{ hieraus}$$

$$\mu_1 = \frac{(f_1 g_1)(g_2 h_2) - (f_2 g_2)(g_1 h_1)}{(f_1 g_1)(h_2 f_2) - (f_2 g_2)(h_1 f_1)} = \frac{Z}{N}.$$

Dieser Ausdruck läßt sich nun sehr vereinfachen. Betrachten wir erst den Zähler des Bruches und schreiben ihn in Determinantenform:

$$Z = \begin{vmatrix} (f_1 g_1) & (f_2 g_2) \\ (g_1 h_1) & (g_2 h_2) \end{vmatrix} = \begin{vmatrix} f_1 u_g - g_1 u_f & f_2 u_g - g_2 u_f \\ g_1 u_h - h_1 u_g & g_2 u_h - h_2 u_g \end{vmatrix} =$$

$$= \frac{1}{u_f} \begin{vmatrix} f_1 u_g - g_1 u_f & f_2 u_g - g_2 u_f & 0 \\ g_1 u_h - h_1 u_g & g_2 u_h - h_2 u_g & 0 \\ f_1 & f_2 & u_f \end{vmatrix} =$$

$$= u_g \begin{vmatrix} u_f & u_g & u_h \\ f_1 & g_1 & h_1 \\ f_2 & g_2 & h_2 \end{vmatrix} = u_g \cdot D.$$

Für den Nenner N ergibt sich:

$$N = \begin{vmatrix} (f_1 g_1) & (f_2 g_2) \\ (h_1 f_1) & (h_2 f_2) \end{vmatrix} = - \begin{vmatrix} (f_1 g_1) & (f_2 g_2) \\ (f_1 h_1) & (f_2 h_2) \end{vmatrix}.$$

Vergleichen wir N mit Z, so bemerken wir in N f_1 und f_2 anstelle von g_1 und g_2 bei Z. Alles übrige ist dasselbe. Mithin ist $N = -u_f \cdot D$ und es wird

$$\mu_1 = \frac{u_g \cdot D}{-u_f \cdot D} = -\frac{u_g}{u_f} \quad (D \neq 0).$$

Die Koordinaten irgend eines Punktes auf u waren: $\varrho \nu_i = \xi_i - \mu_1 \eta_i$.

Für Punkt 0 ergab sich der Parameter μ_1 zu $-\frac{u_g}{u_f}$.

Für Punkt X sei der Parameter μ_2.

Da X so bestimmt sein soll, daß $\frac{\mu_1}{\mu_2} = \mu$, so folgt: $\mu_2 = \frac{\mu_1}{\mu}$.

X hat somit die Koordinaten:

$$\varrho X_i = \mu \xi_i - \mu_1 \cdot \eta_i = \mu (g_i u_h - h_i u_g) + \frac{u_g}{u_f}(h_i u_f - f_i u_h) \quad \text{oder}$$

$$\varrho' X_i = \mu u_f u_h g_i + (1-\mu) u_f u_g h_i - u_g u_h f_i .$$

Ausführlich geschrieben:

$$\varrho' X_1 = \mu u_f u_h g_1 + (1-\mu) u_f u_g h_1 - u_g u_h f_1,$$
$$\varrho' X_2 = \mu u_f u_h g_2 + (1-\mu) u_f u_g h_2 - u_g u_h f_2,$$
$$\varrho' X_3 = \mu u_f u_h g_3 + (1-\mu) u_f u_g h_3 - u_g u_h f_3.$$

Dies sind die wichtigen Formeln für die Koordinaten des Nullpunktes.

Ist umgekehrt Punkt X auf u gegeben, so wollen wir das dazu gehörige D.V. μ angeben.

Für X gilt: $\varrho X_i = \xi_i - \mu_2 \eta_i$ oder

$$\varrho X_1 = (g_1 h_1) - \mu_2 (h_1 f_1),$$
$$\varrho X_2 = (g_2 h_2) - \mu_2 (h_2 f_2),$$
$$\varrho X_3 = (g_3 h_3) - \mu_2 (h_3 f_3).$$

Es ist: $\frac{X_1}{X_2} = \frac{(g_1 h_1) - \mu_2 (h_1 f_1)}{(g_2 h_2) - \mu_2 (h_2 f_2)}$; hieraus

$$\mu_2 = \frac{X_1 (g_2 h_2) - X_2 (g_1 h_1)}{X_1 (h_2 f_2 - X_2 (h_1 f_1)}.$$

Da $\mu = \frac{\mu_1}{\mu_2}$, so erhalten wir:

$$\mu = -\frac{u_g}{u_f} \cdot \frac{X_1 (h_2 f_2) - X_2 (h_1 f_1)}{X_1 (g_2 h_2) - X_2 (g_1 h_1)}.$$

§ 8. Aufstellung der Gleichung Ω für die Berührungstransformation.

Die Gleichung der W-Kurven (D.V. μ) in bezug auf das $\triangle ABC$ als Koordinatendreieck lautet in laufenden Koordinaten ω_i:

$$\omega_1^{-1} \cdot \omega_2^{\mu} \cdot \omega_3^{1-\mu} = C \text{ (siehe S. 236)},$$

$$\left[\mu = \frac{k_1 - k_3}{k_2 - k_3};\ 1 - \mu = 1 - \frac{k_1 - k_3}{k_2 - k_3} = \frac{k_2 - k_1}{k_2 - k_3};\right.$$

$$\omega_1^{-1} \cdot \omega_3^{\frac{k_1 - k_3}{k_2 - k_3}} \cdot \omega_2^{\frac{k_2 - k_1}{k_2 - k_3}} = C;$$

$$\left.\omega_1^{k_2 - k_3} \cdot \omega_2^{k_3 - k_1} \cdot \omega_3^{k_1 - k_2} = C^{-(k_2 - k_3)} = C'\right].$$

Nun transformieren wir die Gleichung $\omega_1^{-1} \cdot \omega_2^{\mu} \cdot \omega_3^{1-\mu} = C$ auf das Koordinatendreieck I II III mit den laufenden Koordinaten v_i.

Allgemein lauten die Transformationsgleichungen für den Übergang von einem System zum andern[1]):

$$\varrho\,\omega_1 = a_{11} v_1 + a_{21} v_2 + a_{31} v_3,$$
$$\varrho\,\omega_2 = a_{12} v_1 + a_{22} v_2 + a_{32} v_3,$$
$$\varrho\,\omega_3 = a_{13} v_1 + a_{23} v_2 + a_{33} v_3.$$

Hierin bedeuten die a_{ki} die Koordinaten der Dreiecksecken A, B, C in bezug auf das Dreieck I II III und zwar sind die Koordinaten

von A: a_{11}, a_{21}, a_{31},
" B: a_{12}, a_{22}, a_{32},
" C: a_{13}, a_{23}, a_{33}.

Es entsprechen sich also:

$$a_{11} \sim f_1, \quad a_{12} \sim g_1, \quad a_{13} \sim h_1,$$
$$a_{21} \sim f_2, \quad a_{22} \sim g_2, \quad a_{23} \sim h_2,$$
$$a_{31} \sim f_3, \quad a_{32} \sim g_3, \quad a_{33} \sim h_3.$$

Somit lautet die transformierte Gleichung der W-Kurven:

$$(f_1 v_1 + f_2 v_2 + f_3 v_3)^{-1} \cdot (g_1 v_1 + g_2 v_2 + g_3 v_3)^{\mu} \cdot (h_1 v_1 + \\ + h_2 v_2 + h_3 v_3)^{1-\mu} = C.$$

f_i, g_i, h_i bedeuten hierin allgemeine, beliebige Funktionen in u_i.

---

1) Clebsch-Lindemann, II. Bd., I. Teil, S. 92 und 93.

Im Nullsystem der Korrelationen sind f_i, g_i, h_i lineare Funktionen und zwar lauten die Koordinaten von A, B, C ausführlich geschrieben:

$$\varrho x_1 = \alpha_{11} u_1 + \alpha_{12} u_2 + \alpha_{13} u_3, \quad \varrho' y_1 = \beta_{11} u_1 + \beta_{12} u_2 + \beta_{13} u_3,$$
$$\varrho x_2 = \alpha_{21} u_1 + \alpha_{22} u_2 + \alpha_{23} u_3, \quad \varrho' y_2 = \beta_{21} u_1 + \beta_{22} u_2 + \beta_{23} u_3,$$
$$\varrho x_3 = \alpha_{31} u_1 + \alpha_{32} u_2 + \alpha_{33} u_3, \quad \varrho' y_3 = \beta_{31} u_1 + \beta_{32} u_2 + \beta_{33} u_3,$$
$$\varrho'' z_1 = \gamma_{11} u_1 + \gamma_{12} u_2 + \gamma_{13} u_3,$$
$$\varrho'' z_2 = \gamma_{21} u_1 + \gamma_{22} u_2 + \gamma_{23} u_3,$$
$$\varrho'' z_3 = \gamma_{31} u_1 + \gamma_{32} u_2 + \gamma_{33} u_3.$$

Die α_{ik}, β_{ik}, γ_{ik} sind hierin Konstante. Im System der Korrelationen lautet die Gleichung der W-Kurven:

$$\begin{aligned}&[(\alpha_{11} u_1 + \alpha_{12} u_2 + \alpha_{13} u_3) v_1 + (\alpha_{21} u_1 + \alpha_{22} u_2 + \alpha_{23} u_3) v_2 + \\ &\qquad + (\alpha_{31} u_1 + \alpha_{32} u_2 + \alpha_{33} u_3) v_3]^{-1} \cdot \\ &\cdot [(\beta_{11} u_1 + \beta_{12} u_2 + \beta_{13} u_3) v_1 + (\beta_{21} u_1 + \beta_{22} u_2 + \beta_{23} u_3) v_2 + \\ &\qquad + (\beta_{31} u_1 + \beta_{32} u_2 + \beta_{33} u_3) v_3]^{\mu} \cdot \\ &\cdot [(\gamma_{11} u_1 + \gamma_{12} u_2 + \gamma_{13} u_3) v_1 + (\gamma_{21} u_1 + \gamma_{22} u_2 + \gamma_{23} u_3) v_2 + \\ &\qquad + (\gamma_{31} u_1 + \gamma_{32} u_2 + \gamma_{33} u_3) v_3]^{1-\mu} = C.\end{aligned}$$

u_1, u_2, u_3 sind hierin Parameter. Geben wir den u_i alle Werte, welche die ∞^2 Geraden der Ebene liefern, so bekommen wir zu jedem u ein System von W-Kurven, das durch diese letzte Gleichung dargestellt wird. Geben wir C einen beliebigen, aber festen Wert, und halten diesen für alle Geraden u fest, so haben wir offenbar eine B.T., gegeben durch eine Gleichung: $\Omega(u_1, u_2, u_3; v_1, v_2, v_3) = 0$, vor uns. Die sich selbst entsprechende Kurve hat, falls überhaupt eine solche vorhanden ist, die Gleichung: $(\Omega)_{v_i = u_i} = 0$. Die notwendige und hinreichende Bedingung für die Existenz dieser Kurve lautet[1]):

$$\left(\frac{\partial \Omega}{\partial u_i}\right)_{v_i = u_i} - \varrho \left(\frac{\partial \Omega}{\partial v_i}\right)_{v_i = u_i}.$$

Schreiben wir die Gleichung für die B.T. abgekürzt:

$$\Omega \equiv \omega_1^{-1} \cdot \omega_2^{\mu} \cdot \omega_3^{1-\mu} - C = 0.$$

Hierin hat ω_i die Bedeutung obiger Klammerausdrücke [ ].

[1]) S. 244, Übertragung der Beziehungen 4) auf homogene Linienkoordinaten.

Nun ist:

$$\frac{\partial \Omega}{\partial u_1} = \frac{\omega_1^{-1}\omega_2^{\mu}\omega_3^{1-\mu}}{\omega_1\,\omega_2\,\omega_3}\cdot\left(-\omega_2\,\omega_3\frac{\partial \omega_1}{\partial u_1} + \mu\,\omega_1\,\omega_3\frac{\partial \omega_2}{\partial u_1} + (1-\mu)\,\omega_1\,\omega_2\frac{\partial \omega_3}{\partial u_1}\right),$$

$$\downarrow \qquad \downarrow \qquad \downarrow$$

$$\frac{\partial \Omega}{\partial v_1} = \frac{\omega^{-1}\omega_2^{\mu}\omega_3^{1-\mu}}{\omega_1\,\omega_2\,\omega_3}\cdot\left(-\omega_2\,\omega_3\frac{\partial \omega_1}{\partial v_1} + \mu\,\omega_1\,\omega_3\frac{\partial \omega_2}{\partial v_1} + (1-\mu)\,\omega_1\,\omega_2\frac{\partial \omega_3}{\partial v_1}\right).$$

Da $\left(\frac{\partial \Omega}{\partial u_1}\right)_{v_i = u_i} = \varrho\left(\frac{\partial \Omega}{\partial v_1}\right)_{v_i = u_i}$ sein soll, so muß stattfinden: $\left(\frac{\partial \omega_i}{\partial u_1}\right)_{v_i = u_i} = \varrho\left(\frac{\partial \omega_i}{\partial v_1}\right)_{v_i = u_i}$, oder, da für $i = 1$ in ω_i:

$$\frac{\partial \omega_1}{\partial u_1} = \alpha_{11} v_1 + \alpha_{21} v_2 + \alpha_{31} v_3$$

$$\downarrow \qquad \downarrow$$

$$\frac{\partial \omega_1}{\partial v_1} = \alpha_{11} u_1 + \alpha_{12} u_2 + \alpha_{13} u_3$$

und
$$\left(\frac{\partial \omega_1}{\partial u_1}\right)_{v_i = u_i} = \alpha_{11} u_1 + \alpha_{21} u_2 + \alpha_{31} u_3$$

$$\downarrow \qquad \downarrow$$

$$\left(\frac{\partial \omega_1}{\partial v_1}\right)_{v_i = u_i} = \alpha_{11} u_1 + \alpha_{12} u_2 + \alpha_{13} u_3$$

$$(\alpha_{11} u_1 + \alpha_{21} u_2 + \alpha_{31} u_3) \equiv \varrho\,(\alpha_{11} u_1 + \alpha_{12} u_2 + \alpha_{13} u_3).$$

Hieraus $\varrho = 1$; $\quad \alpha_{21} = \alpha_{12}$; $\quad \alpha_{31} \equiv \alpha_{13}$.

Für

$$\left(\frac{\partial \omega_2}{\partial u_1}\right)_{v_i = u_i} = \varrho\left(\frac{\partial \omega_2}{\partial v_1}\right)_{v_i = u_i} \text{ und } \left(\frac{\partial \omega_3}{\partial u_1}\right)_{v_i = u_i} \equiv \varrho\left(\frac{\partial \omega_3}{\partial v_1}\right)_{v_i = u_i}$$

folgt analog

$$\beta_{21} = \beta_{12} \quad \text{und} \quad \gamma_{21} = \gamma_{12}$$
$$\beta_{31} \equiv \beta_{13} \qquad\qquad \gamma_{31} \equiv \gamma_{13}.$$

Wir haben nun ferner:

$$\left(\frac{\partial \Omega}{\partial u_2}\right)_{v_i = u_i} = \varrho\left(\frac{\partial \Omega}{\partial v_2}\right)_{v_i = u_i} \text{ und } \left(\frac{\partial \Omega}{\partial u_3}\right)_{v_i = u_i} = \varrho\left(\frac{\partial \Omega}{\partial v_3}\right)_{v_i = u_i}.$$

Wie vorher muß stattfinden:

$$\left(\frac{\partial \omega_i}{\partial u_2}\right)_{v_i = u_i} = \left(\frac{\partial \omega_i}{\partial v_2}\right)_{v_i = u_i} \text{ und } \left(\frac{\partial \omega_i}{\partial u_3}\right)_{v_i = u_i} \equiv \left(\frac{\partial \omega_i}{\partial v_3}\right)_{v_i = u_i} \qquad (\varrho = 1).$$

Für $i = 1$ in ω_i folgt:

$$\alpha_{12} u_2 + \alpha_{22} u_2 + \alpha_{32} u_3 \equiv \alpha_{21} u_1 + \alpha_{22} u_2 + \alpha_{23} u_3 .$$

Hieraus $\alpha_{12} \equiv \alpha_{21}$; analog folgt für $i = 2, 3$:

$$\alpha_{32} \equiv \alpha_{23}$$

$$\begin{matrix} \beta_{12} \equiv \beta_{21} \\ \beta_{32} \equiv \beta_{23} \end{matrix} \quad \text{und} \quad \begin{matrix} \gamma_{12} \equiv \gamma_{21} \\ \gamma_{32} \equiv \gamma_{23} \end{matrix} .$$

Ferner: $\alpha_{13} u_1 + \alpha_{23} u_2 + \alpha_{33} u_3 \equiv \alpha_{31} u_1 + \alpha_{32} u_2 + \alpha_{33} u_3$. Diese letzte Bedingung ist schon erfüllt, wenn nach dem Vorhergehenden $\alpha_{13} \equiv \alpha_{31}$, $\alpha_{23} \equiv \alpha_{32}$ angenommen wurde.

Damit eine sich selbst entsprechende Kurve existiert, müssen also unsere Korrelationen gegeben sein durch das System der Koeffizienten:

$$\begin{matrix} \alpha_{11} & \alpha_{12} & \alpha_{13} \\ \alpha_{12} & \alpha_{22} & \alpha_{23} \\ \alpha_{13} & \alpha_{23} & \alpha_{33} \end{matrix} \qquad \begin{matrix} \beta_{11} & \beta_{12} & \beta_{13} \\ \beta_{12} & \beta_{22} & \beta_{23} \\ \beta_{13} & \beta_{23} & \beta_{33} \end{matrix} \qquad \begin{matrix} \gamma_{11} & \gamma_{12} & \gamma_{13} \\ \gamma_{12} & \gamma_{22} & \gamma_{23} \\ \gamma_{13} & \gamma_{23} & \gamma_{33} . \end{matrix}$$

Schreiben wir für $\alpha_{11} = \alpha_1$, $\alpha_{12} = \alpha_2$, $\alpha_{13} = \alpha_3$, $\alpha_{22} = \alpha_4$, $\alpha_{23} = \alpha_5$, $\alpha_{33} = \alpha_6$ etc., so müssen die Korrelationen lauten:

$$\begin{aligned} \varrho x_1 &= \alpha_1 u_1 + \alpha_2 u_2 + \alpha_3 u_3 & \varrho y_1 &= \beta_1 u_1 + \beta_2 u_2 + \beta_3 u_3 \\ \varrho x_2 &= \alpha_2 u_1 + \alpha_4 u_2 + \alpha_5 u_3 & \varrho y_2 &= \beta_2 u_1 + \beta_4 u_2 + \beta_5 u_3 \\ \varrho x_3 &= \alpha_3 u_1 + \alpha_5 u_2 + \alpha_6 u_3 & \varrho y_3 &= \beta_3 u_1 + \beta_5 u_2 + \beta_6 u_3 \end{aligned}$$

$$\begin{aligned} \varrho z_1 &= \gamma_1 u_1 + \gamma_2 u_2 + \gamma_3 u_3 \\ \varrho z_2 &= \gamma_2 u_1 + \gamma_4 u_2 + \gamma_5 u_3 \\ \varrho z_3 &= \gamma_3 u_1 + \gamma_5 u_2 + \gamma_6 u_3 . \end{aligned}$$

Nur ein durch solche Korrelationen definiertes Nullsystem besitzt sich selbst entsprechende Kurven und zwar lautet deren Gleichung:

$$\begin{aligned} &[(\alpha_1 u_1 + \alpha_2 u_2 + \alpha_3 u_3) u_1 + (\alpha_2 u_1 + \alpha_4 u_2 + \alpha_5 u_3) u_2 + (\alpha_3 u_1 + \\ &\qquad + \alpha_5 u_2 + \alpha_6 u_3) u_3]^{-1} \cdot \\ &\cdot [(\beta_1 u_1 + \beta_2 u_2 + \beta_3 u_3) u_1 + (\beta_2 u_1 + \beta_4 u_2 + \beta_5 u_3) u_2 + (\beta_3 u_1 + \\ &\qquad + \beta_5 u_2 + \beta_6 u_3) u_3]^{\mu} \cdot \\ &\cdot [(\gamma_1 u_1 + \gamma_2 u_2 + \gamma_3 u_3) u_1 + (\gamma_2 u_1 + \gamma_4 u_2 + \gamma_5 u_3) u_2 + (\gamma_3 u_1 + \\ &\qquad + \gamma_5 u_2 + \gamma_6 u_3) u_3]^{1-\mu} = C. \end{aligned}$$

Schreiben wir für die [ ]-Ausdrücke u_α, bzw. u_β, u_γ, so lautet die Gleichung: $u_\alpha^{-1} \cdot u_\beta^\mu \cdot u_\gamma^{1-\mu} = C$.

Die dadurch dargestellten Kurven wollen wir „Verallgemeinerte W-Kurven" nennen. Sie sind insbesondere algebraisch, wenn μ eine rationale Zahl ist.

Im § 13 der Abhandlung zeigen wir nun noch, daß ein durch allgemeinste Korrelationen definiertes Nullsystem auf das durch die obigen besonderen Korrelationen definierte System zurückgeführt werden kann. Ferner zeigen wir, daß der Connex (1, 4) und das durch allgemeine Korrelationen bestimmte Nullsystem identisch sind. Damit ist aber dann der Beweis erbracht, daß die allgemeine Lösung der Differentialgleichung für die Integralkurven des Connexes (1, 4) in der Form erscheinen muß: $u_\alpha^{-1} \cdot u_\beta^\mu \cdot u_\gamma^{1-\mu} = C$.

Als spezieller Fall ist darin die allgemeine Lösung der Differentialgleichung $F_1(u, v)\,du + F_2(u, v)\,dv = 0$, worin F_1 und F_2 allgemeine rationale ganze Funktionen 4. Grades bedeuten, enthalten.

Ehe wir diesen Beweis führen, wollen wir an 2 Beispielen die Richtigkeit der bisherigen Betrachtungen prüfen.

§ 9. Beispiele.

1.

In meiner Dissertation habe ich folgenden Satz über die W-Kurven bewiesen: Gibt man sich auf den 3 Seiten des Fundamentaldreiecks drei Projektivitäten, welche ihre Doppelpunkte in den Ecken dieses Dreiecks haben, konstruiert zu den Schnittpunkten jeder Tangente einer W-Kurve (die durch den Connex (1, 1) bestimmt sei) das vermöge der drei Projektivitäten bestimmte $\triangle ABC$, so ist das D.V. des Berührungspunktes der Tangente und deren drei Schnittpunkten mit den Seiten dieses Dreiecks konstant: $(MNOX) = \text{Konst.} = \mu$.

I, II, III Koordinatendreieck, W_λ eine W-Kurve des Connexes (1, 1) mit dem D.V. $\lambda = \dfrac{k_1 - k_3}{k_2 - k_3}$, u Tangente von W_λ, der das $\triangle ABC$ entsprechen möge. Im $\triangle ABC$ ist alsdann eine W-Kurve W_μ vorhanden, welche W_λ gleichfalls im Berührpunkt X von u berührt. Wenn wir also die B.T. für dieses System der Projektivitäten (spezieller Fall von Korrelationen; dieselben sind ausgeartet) aufstellen[1]), dann müssen die sich selbst entsprechenden Kurven, falls solche existieren, mit den ursprünglichen W-Kurven W_λ identisch sein. Wir können auch sagen: Die W-Kurven W_μ müssen als Enveloppe die W-Kurven W_λ heben.

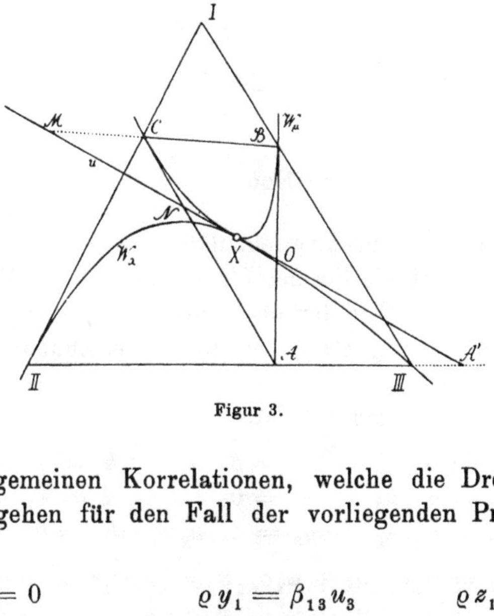

Figur 3.

Die allgemeinen Korrelationen, welche die Dreiecke ABC bestimmen, gehen für den Fall der vorliegenden Projektivitäten über in:

$$A: \begin{cases} \varrho x_1 = 0 \\ \varrho x_2 = \alpha_{23} u_3 \\ \varrho x_3 = \alpha_{32} u_2 \end{cases} \qquad B: \begin{cases} \varrho y_1 = \beta_{13} u_3 \\ \varrho y_2 = 0 \\ \varrho y_3 = \beta_{31} u_1 \end{cases} \qquad C: \begin{cases} \varrho z_1 = \gamma_{12} u_2 \\ \varrho z_2 = \gamma_{21} u_1 \\ \varrho z_3 = 0. \end{cases}$$

Bezeichnen wir den Schnittpunkt von u und $\overline{\text{II III}}$ mit A', so ist offenbar Punktreihe $A' \overline{\wedge}$ Punktreihe A, denn wir haben ein umkehrbar eindeutiges Entsprechen. Für $u_3 = 0$ wird $x_2 = 0$ d. h. A und A' fallen zusammen in III. Für $u_2 = 0$ wird $x_3 = 0$ d. h. A und A' fallen zusammen in II. III und II sind also die

[1]) Wobei also X durch den gegebenen Connex (1, 1) bestimmt ist und damit μ.

Doppelpunkte der Projektivität. Analoges gilt für die Punkte B, B' und C, C'. Die B.T. wird nun dargestellt durch die Gleichung:

$$\Omega \equiv (\alpha_{23} u_3 v_2 + \alpha_{32} u_2 v_3)^{-1} (\beta_{13} u_3 v_1 + \beta_{31} u_1 v_3)^{\mu} \cdot$$
$$\cdot (\gamma_{12} u_2 v_1 + \gamma_{21} u_1 v_2)^{1-\mu} - C = 0.$$

Sich selbst entsprechende Kurven sind nur vorhanden, wenn

$$\alpha_{23} = \alpha_{32} = \alpha; \ \beta_{13} = \beta_{31} = \beta; \ \gamma_{12} = \gamma_{21} = \gamma,$$
$$(\Omega)_{v_i = u_i} \equiv (2\alpha)^{-1} \cdot (2\beta)^{\mu} \cdot (2\gamma)^{1-\mu} \cdot (u_2 u_3)^{-1} \cdot (u_1 u_3)^{\mu} \cdot$$
$$\cdot (u_1 u_2)^{1-\mu} - C = 0 \qquad \text{oder}$$
$$u_1^{-1} u_2^{\mu} \cdot u_3^{1-\mu} = \left(\frac{C}{(2\alpha)^{-1} \cdot (2\beta)^{\mu} \cdot (2\gamma)^{1-\mu}}\right)^{-1} = C'.$$

Nun wissen wir aber, daß wir auf die W-Kurven W_λ des Connexes (1, 1) gelangen müssen, und diese haben die Gleichung:

$$u_1^{-1} \cdot u_2^{\lambda} u_3^{1-\lambda} = \text{Konst.} \quad \left(\lambda = \frac{k_1 - k_3}{k_2 - k_3}\right).$$

Leicht läßt sich nachweisen, daß $\mu = \lambda$.

Auf S. 247 ist die Formel für μ angegeben. Wir berechnen μ zunächst für den Fall der oben angegebenen allgemeinen Projektivitäten ($\alpha_{23} \neq \alpha_{32}$ etc.) und zwar berechnen wir für sich μ_1 und μ_2.

Es ist im vorliegenden Falle:

$$\begin{array}{lll} f_1 = 0 & g_1 = \beta_{13} u_3 & h_1 = \gamma_{12} u_2 \\ f_2 = \alpha_{23} u_3 & g_2 = 0 & h_2 = \gamma_{21} u_1 \\ f_3 = \alpha_{32} u_2 & g_3 = \beta_{31} u_2 & h_3 = 0, \end{array}$$

$$u_f = u_2 \alpha_{23} u_3 + u_3 \alpha_{32} u_2 = u_2 u_3 (\alpha_{23} + \alpha_{32})$$
$$u_g = u_1 \beta_{13} u_3 + u_3 \beta_{31} u_1 = u_1 u_3 (\beta_{13} + \beta_{31})$$
$$u_h = u_1 \gamma_{12} u_2 + u_2 \gamma_{21} u_1 = u_1 u_2 (\gamma_{12} + \gamma_{21}),$$

$$(g_2 h_2) = \begin{vmatrix} g_2 & h_2 \\ u_g & u_h \end{vmatrix} = \begin{vmatrix} 0 & \gamma_{21} u_1 \\ u_g & u_h \end{vmatrix} = -\gamma_{21} u_1^2 u_3 (\beta_{13} + \beta_{31})$$

$$(g_1 h_1) = \begin{vmatrix} \beta_{13} u_3 & \gamma_{12} u_2 \\ u_g & u_h \end{vmatrix} = u_1 u_2 u_3 (\beta_{13} \gamma_{21} - \gamma_{12} \beta_{31})$$

$$(h_2 f_2) = \begin{vmatrix} \gamma_{31} u_1 & \alpha_{23} u_3 \\ u_h & u_f \end{vmatrix} = u_1 u_2 u_3 (\gamma_{21} \alpha_{32} - \gamma_{12} \alpha_{23})$$

$$(h_1 f_1) = \begin{vmatrix} \gamma_{12} u_2 & 0 \\ u_h & u_f \end{vmatrix} = \gamma_{12} u_2^2 u_3 (\alpha_{23} + \alpha_{32}).$$

Somit $\mu_1 = -\frac{u_g}{u_f} = -\frac{u_1}{u_2}\frac{\beta_{13}+\beta_{31}}{\alpha_{23}+\alpha_{32}}$,

$$\mu_2 = \frac{X_1(g_2 h_2) - X_2(g_1 h_1)}{X_1(h_2 f_2) - X_2(h_1 f_1)}.$$

Für den Connex (1, 1) ist:

$$\begin{aligned} \varrho X_1 &= u_2 u_3 (k_3 - k_2) \\ \varrho X_2 &= u_1 u_3 (k_1 - k_3) \qquad \text{(siehe S. 235).} \\ \varrho X_3 &= u_1 u_2 (k_2 - k_1) \end{aligned}$$

Dann wird

$$u_2 = \frac{-u_2 u_3 (k_3 - k_2)\gamma_{21}(\beta_{13}+\beta_{31}) u_1^2 u_3 - u_1 u_3 (k_1 - k_3) u_1 u_2 u_3 (\beta_{13}\gamma_{21} - \gamma_{12}\beta_{31})}{u_2 u_3 (k_3 - k_2) u_1 u_2 u_3 (\gamma_{21}\alpha_{32} - \gamma_{12}\alpha_{23}) - u_1 u_3 (k_1 - k_3)\gamma_{12} u_2^2 u_3 (\alpha_{23}+\alpha_{32})}.$$

Dividieren wir Zähler und Nenner durch $u_1 u_2 u_3^2$ und durch $-(k_2 - k_3)$, so erhalten wir:

$$\mu_2 = -\frac{u_1}{u_2}\cdot\frac{\gamma_{21}(\beta_{13}+\beta_{31}) - \lambda(\beta_{13}\gamma_{21} - \gamma_{12}\beta_{31})}{(\gamma_{21}\alpha_{32} - \gamma_{12}\alpha_{23}) + \lambda\gamma_{12}(\alpha_{23}+\alpha_{32})}.$$

Es wird

$$\mu = \frac{\beta_{13}+\beta_{31}}{\alpha_{23}+\alpha_{32}}\cdot\frac{(\gamma_{21}\alpha_{32} - \gamma_{12}\alpha_{23}) + \lambda\gamma_{12}(\alpha_{23}+\alpha_{32})}{\gamma_{21}(\beta_{13}+\beta_{31}) - \lambda(\beta_{13}\gamma_{21} - \gamma_{12}\beta_{31})} = \text{Konst.}$$

μ ist also konstant, womit der zu Anfang dieses Paragraphen erwähnte Satz über die *W*-Kurven neuerdings bewiesen ist.

Haben wir nun gewählt: $\alpha_{23} = \alpha_{32} = \alpha$; $\beta_{13} = \beta_{31} = \beta$; $\gamma_{12} = \gamma_{21} = \gamma$, so daß also unsere B.T. sich selbst entsprechende Kurven haben muß, so wird

$$\mu = \frac{2\beta}{2\alpha}\cdot\frac{0 + \lambda\gamma\cdot 2\alpha}{\gamma\cdot 2\beta - 0} = \lambda.$$

Wir bekommen als Integralkurven eben die Kurven W_λ:

$$u_1^{-1}\cdot u_2^{\lambda}\cdot u_3^{1-\lambda} = C',$$

wie wir dies erwarten mußten.

Die Korrelationen müssen in diesem Falle sein:

$$\begin{aligned} &\varrho x_1 = 0 & &\varrho' x_1 = 0; & &\varrho'' y_1 = u_3; & &\varrho''' z_1 = u_2 \\ &\varrho x_2 = \alpha u_3 \quad \text{oder} & &\varrho' x_2 = u_3; & &\varrho'' y_2 = 0; & &\varrho''' z_2 = u_1 \\ &\varrho x_3 = \alpha u_2 & &\varrho' x_3 = u_2; & &\varrho'' y_3 = u_2; & &\varrho''' z_3 = 0. \end{aligned}$$

An diesem ersten Beispiel erweist sich die Richtigkeit unserer Betrachtungen.

Wir können hier noch folgende Überlegung anstellen:

Die Projektivitäten seien allgemeiner gegeben ($\alpha_{23} \neq \alpha_{32}$ etc.), also wie auf S. 253. Wir wissen, daß keine E_W[1]) vorhanden ist. Zum gegebenen Connex (1, 1) existieren jedoch die Integralkurven: $u_1^{-1} u_2^{\lambda} u_3^{1-\lambda} = C$. Nach den zu Anfang des § 3 angestellten Betrachtungen würde folgen, daß auch im vorliegenden Falle eine E_W vorhanden sein muß, denn zu jeder Tangente u einer W_λ ist eine W_μ festgelegt. Beide haben denselben Berührpunkt X gemeinsam. Die W_μ müßten W_λ zur Enveloppe haben können. Dies ist jedoch nicht der Fall. Wir können den Widerspruch leicht klären:

Die Gleichung einer W_μ für ein bestimmtes u von W_λ lautet:

$$\Omega \equiv (\alpha_{23} u_3 v_2 + \alpha_{32} u_2 v_3)^{-1} \cdot (\beta_{13} u_3 v_1 + \beta_{31} u_1 v_3)^{\mu} \cdot \\ \cdot (\gamma_{12} u_2 v_1 + \gamma_{21} u_1 v_2)^{1-\mu} - C' = 0.$$

Soll Ω eine B.T. vermitteln, dann darf sich C' nicht ändern, wenn u W_λ durchläuft[2]). Die E_W würden wir erhalten, wenn $v_i = u_i$ gesetzt wird:

$$(\alpha_{23} + \alpha_{32})^{-1} \cdot (\beta_{13} + \beta_{31})^{\mu} \cdot (\gamma_{12} + \gamma_{21})^{1-\mu} \cdot u_1^{1} \cdot u_2^{-\mu} \cdot u_3^{-1+\mu} = C$$

oder $$C' = \frac{(\alpha_{23} + \alpha_{32})^{-1} \cdot (\beta_{13} + \beta_{31})^{\mu} \cdot (\gamma_{12} + \gamma_{21})^{1-\mu}}{u_1^{-1} \cdot u_2^{\mu} \cdot u_3^{1-\mu}}.$$

Wenn nun die u_i in Ω aus $W_\lambda \equiv u_1^{-1} \cdot u_2^{\lambda} \cdot u_3^{1-\lambda} = C$ stammen, so hat $u_1^{-1} \cdot u_2^{\mu} \cdot u_3^{1-\mu}$ und deshalb C' für jedes u einen anderen Wert, so lange nicht $\mu \equiv \lambda$. Dies ist aber nur der Fall, wenn $\alpha_{23} = \alpha_{32}$ etc. Die Gleichung $\Omega = 0$ definiert aber keine B.T., wenn C' sich für jedes u ändert.

Weiter erkennen wir: Die durch allgemeine Projektivitäten (vgl. S. 253) definierte Hauptcoincidenz können wir durch ein gleichwertiges System festlegen, nämlich wenn

$$\begin{array}{lll} \alpha_{23} = \alpha_{32} & \beta_{13} = \beta_{31} & \gamma_{12} = \gamma_{21} \\ = \alpha = 1 & = \beta = 1 & = \gamma = 1 \end{array}$$

angenommen wird.

---

[1]) Die sich selbst entsprechenden Kurven wollen wir von nun ab E_W nennen = Enveloppe der W-Kurven.

[2]) Siehe S. 241 unten und S. 249 Mitte.

Dann aber ist eine E_W vorhanden.

Wir können daher vermuten, daß auch die durch allgemeine Korrelationen und D_μ bestimmte Hauptcoincidenz durch ein besonderes System von Korrelationen gleichfalls vermittelt werden kann, eben jener, welche die E_W liefern.

2.

Geben wir uns die 3 Korrelationen in folgender spezieller Form:

$$1)\qquad \begin{array}{lll} \varrho x_1 = 0 & \varrho y_1 = u_1 & \varrho z_1 = u_1 \\ \varrho x_2 = u_2 & \varrho y_2 = 0 & \varrho z_2 = u_2 \\ \varrho x_3 = u_3 & \varrho y_3 = u_3 & \varrho z_3 = 0. \end{array}$$

Gegeben außerdem D.V. μ.

Dadurch sind wohl auch Projektivitäten auf den Seiten des Koordinatendreiecks gegeben; deren Doppelpunkte fallen aber nicht mehr mit den Ecken zusammen wie in Beispiel 1. Wir haben ein spezielles Nullsystem 5. Grades vor uns, dessen E_W bestimmt werden soll. Deren Existenz ist ohne weiteres klar, denn die Koeffizienten obiger Korrelationen erfüllen die Relation S. 251. Die Gleichung für die B.T. lautet:

$$2)\quad \Omega \equiv \underset{\displaystyle \omega_1}{\underset{\downarrow}{(u_2 v_2 + u_3 v_3)^{-1}}} \cdot \underset{\displaystyle \omega_2}{\underset{\downarrow}{(u_1 v_1 + u_3 v_3)^{\mu}}} \cdot \underset{\displaystyle \omega_3}{\underset{\downarrow}{(u_1 v_1 + u_2 v_2)^{1-\mu}}} - C = 0$$

Dann hat die E_W die Gleichung:

$$3)\quad E_W \equiv \underset{\displaystyle u_\alpha}{\underset{\downarrow}{(u_2^2 + u_3^2)^{-1}}} \cdot \underset{\displaystyle u_\beta}{\underset{\downarrow}{(u_1^2 + u_3^2)^{\mu}}} \cdot \underset{\displaystyle u_\gamma}{\underset{\downarrow}{(u_1^2 + u_2^2)^{1-\mu}}} - C = 0$$

Wenn wir nun den durch die Gleichungen 1) und D.V.$_\mu$ bestimmten Connex aufstellen und seine Integralkurven ermitteln, so müssen diese mit den Kurven E_W identisch sein. Oder wir können auch so sagen: wenn wir obige Gleichung E_W total differenzieren und ferner die Differentialgleichung für die Integralkurven des Connexes herstellen, so muß sich ein und dieselbe Differentialgleichung ergeben. Der zugehörige Connex habe die Gleichung:

$$f_1 x_1 + f_2 x_2 + f_3 x_3 = 0.$$

Seine Differentialgleichung lautet (S. 238):

4) $(f_2 u_3 - f_3 u_2)\, du_1 + (f_3 u_1 - f_1 u_3)\, du_2 + (f_1 u_2 - f_2 u_1)\, du_3 = 0.$

Die Hauptcoincidenz des Connexes bestimmt sich aus den Gleichungen:

$$f_1 x_1 + f_2 x_2 + f_3 x_3 = 0 \text{ und}$$
$$u_1 x_1 + u_2 x_2 + u_3 x_3 = 0$$

zu:

$$\varrho X_1 = f_2 u_3 - f_3 u_2$$
$$\varrho X_2 = f_3 u_1 - f_1 u_3$$
$$\varrho X_3 = f_1 u_2 - f_2 u_1.$$

Deshalb können wir die Differentialgleichung auch schreiben:

$$X_1\, du_1 + X_2\, du_2 + X_3\, du_3 = 0.$$

Die Differentialgleichung der E_W lautet:

5) $$\frac{\partial E_W}{\partial u_1} du_1 + \frac{\partial E_W}{\partial u_2} du_2 + \frac{\partial E_W}{\partial u_3} du_3 = 0.$$

Differentialgleichung 4) und 5) sind identisch, wenn:

6) $$\varrho \frac{\partial E_W}{\partial u_1} = X_1; \quad \varrho \frac{\partial E_W}{\partial u_2} = X_2; \quad \varrho \frac{\partial E_W}{\partial u_3} = X_3.$$

Nun sind die Koordinaten X_i für die Hauptcoincidenz nach S. 247:

$$\begin{pmatrix} u_f = u_\alpha; & u_g = u_\beta; & u_h = u_\gamma \\ f_i = x_i; & g_i = y_i; & h_i = z_i \end{pmatrix}$$

$$\begin{aligned} \varrho X_1 &= \mu (u_2^2 + u_3^2)(u_1^2 + u_2^2) \cdot u_1 + (1-\mu)(u_2^2 + u_3^2)(u_1^2 + u_3^2) u_1 \\ &= u_1 (u_2^2 + u_3^2)[u_1^2 + \mu u_2^2 + (1-\mu) u_3^2] \\ \varrho X_2 &= u_2 (u_1^2 + u_3^2)[u_1^2 + \mu u_2^2 + (1-\mu) u_3^2] \\ \varrho X_3 &= u_3 (u_1^2 + u_2^2)[u_1^2 + \mu u_2^2 + (1-\mu) u_3^2] \end{aligned}$$

oder

$$\varrho' X_1 = u_1 (u_2^2 + u_3^2)$$
$$\varrho' X_2 = u_2 (u_1^2 + u_3^2)$$
$$\varrho' X_3 = u_3 (u_1^2 + u_2^2).$$

Halten wir folgendes scharf auseinander:

a) Die Kurven E_W sind gefunden lediglich aus der B.T., ohne daß von der Hauptcoincidenz X die Rede war oder diese verwendet wurde.

b) X_i wurde unabhängig von der B.T. als Hauptcoincidenz des durch Gleichungen 1) definierten Nullsystems oder Connexes berechnet.

Es ist nun:

$$E_W = (u_2^2 + u_3^2)^{-1} \cdot (u_1^2 + u_3^2)^{\mu} (u_1^2 + u_2^2)^{1-\mu} - C = 0,$$

$$\frac{\partial E_W}{\partial u_1} = C \cdot \left[\frac{\mu (u_1^2 + u_3^2)^{\mu-1} \cdot 2u_1}{(u_1^2 + u_3^2)^{\mu}} + \frac{(1-\mu)(u_1^2 + u_2^2)^{-\mu} \cdot 2u_1}{(u_1^2 + u_2^2)^{1-\mu}}\right] =$$

$$= C \cdot 2u_1 \left[\frac{\mu}{u_1^2 + u_3^2} + \frac{1-\mu}{u_1^2 + u_2^2}\right] =$$

$$= \frac{C \cdot 2u_1}{(u_1^2 + u_3^2)(u_1^2 + u_2^2)} \cdot [\mu u_1^2 + \mu u_2^2 + u_1^2 - \mu u_1^2 + (1-\mu) u_3^2] =$$

$$= \frac{2C}{(u_1^2 + u_3^2)(u_1^2 + u_2^2)(u_2^2 + u_3^2)} \cdot u_1 (u_2^2 + u_3^2) [u_1^2 + \mu u_2^2 + (1-\mu) u_3^2].$$

In der Tat hat sich ergeben, wenn wir die Faktoren

$$\frac{2C}{(u_1^2 + u_3^2)(u_1^2 + u_2^2)(u_2^2 + u_3^2)}$$

und [. . .] in ϱ einbeziehen:

$$\varrho \frac{\partial E_W}{\partial u_1} = X_1 .$$

Ebenso ergibt sich: $\varrho \dfrac{\partial E_W}{\partial u_2} = X_2$

$$\varrho \frac{\partial E}{\partial u_3} = X_3 .$$

Auch aus diesem Beispiel erkennen wir die Richtigkeit unserer Überlegungen.

§ 10. Beweis, daß die E_W einer nach S. 251 definierten Berührungstransformation mit den Integralkurven des dazu gehörigen Connexes identisch sind.

Sind 3 Korrelationen bestimmt durch das auf S. 251 angegebene System der Koeffizienten:

$$\begin{array}{lll} \varrho x_1 = a_1 u_1 + a_2 u_2 + a_3 u_3 & \varrho' y_1 = \ldots & \varrho'' z_1 = \ldots \\ \varrho x_2 = a_2 u_1 + a_4 u_2 + a_5 u_3 & \varrho' y_2 = \ldots & \varrho'' z_2 = \ldots \\ \varrho x_3 = a_3 u_1 + a_5 u_2 + a_6 u_3 & \varrho' y_3 = \ldots & \varrho'' z_3 = \ldots, \end{array}$$

so hat die E_W die Gleichung:

$$E_W = u_\alpha^{-1} \cdot u_\beta^{\mu} \cdot u_\gamma^{1-\mu} - C = 0,$$

worin z. B. $u_\alpha \equiv (a_1 u_1 + a_2 u_2 + a_3 u_3) u_1 + (a_2 u_1 + a_4 u_2 + a_5 u_3) u_2 + + (a_3 u_1 + a_5 u_2 + a_6 u_3) u_3$.

Wenn die Kurven E_W identisch sein sollen mit den Integralkurven des zugehörigen Connexes, so muß wie in Beispiel 2 von § 9 sein:

$$\sigma \frac{\partial E_W}{\partial u_i} = X_i.$$

Nun ist:

$$\frac{\partial E_W}{\partial u_1} = C \cdot \left(- \frac{u_\alpha^{-2}}{u_\alpha^{-1}} \cdot \frac{\partial u_\alpha}{\partial u_1} + \mu \cdot \frac{u_\beta^{\mu-1}}{u_\beta^{\mu}} \cdot \frac{\partial u_\beta}{\partial u_1} + (1-\mu) \cdot \frac{u_\gamma^{-\mu}}{u_\gamma^{1-\mu}} \cdot \frac{\partial u_\gamma}{\partial u_1} \right) =$$

$$= C \left(- \frac{1}{u_\alpha} \cdot \frac{\partial u_\alpha}{\partial u_1} + \mu \frac{1}{u_\beta} \cdot \frac{\partial u_\beta}{\partial u_1} + (1-\mu) \frac{1}{u_\gamma} \frac{\partial u_\gamma}{\partial u_1} \right) =$$

$$= \frac{C}{u_\alpha u_\beta u_\gamma} \left(- u_\beta u_\gamma \frac{\partial u_\alpha}{\partial u_1} + \mu u_\alpha u_\gamma \frac{\partial u_\beta}{\partial u_1} + (1-\mu) u_\alpha u_\beta \frac{\partial u_\gamma}{\partial u_1} \right),$$

$$\frac{\partial u_\alpha}{\partial u_1} = 2 a_1 u_1 + a_2 u_2 + a_3 u_3 + a_2 u_2 + a_3 u_3 = 2 (a_1 u_1 + a_2 u_2 + + a_3 u_3) \equiv 2 \varrho x_1.$$

Analog: $\frac{\partial u_\beta}{\partial u_1} \equiv 2 \varrho' y_1 \qquad \frac{\partial u_\gamma}{\partial u_1} \equiv 2 \varrho'' z_1$.

Es wird also, wenn wir innerhalb obiger Klammer umstellen:

$$\frac{\partial E_W}{\partial u_1} = \frac{2\,C}{u_\alpha u_\beta u_\gamma} \cdot (\mu u_\alpha u_\gamma \varrho' y_1 + (1-\mu) u_\alpha u_\beta \varrho'' z_1 - u_\beta u_\gamma \varrho x_1).$$

Der Klammerausdruck ist aber nach S. 247 die Koordinate X_1 für die Hauptcoincidenz. Analog berechnen sich $\frac{\partial E_W}{\partial u_2}$ und $\frac{\partial E_W}{\partial u_3}$.

Somit ist gezeigt: $\sigma \frac{\partial E_W}{\partial u_i} = X_i$.

Die Differentialgleichung der E_W lautet:

$$\frac{\partial E_W}{\partial u_1} d u_1 + \frac{\partial E_W}{\partial u_2} d u_2 + \frac{\partial E_W}{\partial u_3} d u_3 = 0.$$

Die Differentialgleichung des Connexes lautet:

$$X_1 d u_1 + X_2 d u_2 + X_3 d u_3 = 0 \text{ (s. S. 258).}$$

Wir haben erkannt, daß beide Differentialgleichungen identisch sind; es sind daher auch ihre Integralkurven identisch.

§ 11. Geometrische Deutung der Ausdrücke u_α, u_β, u_γ in der allgemeinen Lösung $u_\alpha^{-1} \cdot u_\beta^\mu \cdot u_\gamma^{1-\mu} = C$.

Es ist ohne weiteres klar, daß $u_\alpha = 0$, $u_\beta = 0$, $u_\gamma = 0$ partikuläre Lösungen darstellen[1]).

$$u_\alpha = (a_1 u_1 + a_2 u_2 + a_3 u_3) u_1 + (a_2 u_1 + a_4 u_2 + a_5 u_3) u_2 + \\ + (a_3 u_1 + a_5 u_2 + a_6 u_3) u_3 .$$

$u_\alpha = 0$ stellt einen Kegelschnitt vor und es ist leicht einzuehen, daß dieser Kegelschnitt der Geraden-Kernkegelschnitt der durch die Koeffizienten a bestimmten Korrelation ist. Diese Korrelation lautet:

$$\begin{aligned} \varrho x_1 &= a_1 u_1 + a_2 u_2 + a_3 u_3 \\ \varrho x_2 &= a_2 u_1 + a_4 u_2 + a_5 u_3 \\ \varrho x_3 &= a_3 u_1 + a_5 u_2 + a_6 u_3 . \end{aligned}$$

Im allgemeinen besitzt eine Korrelation einen Geraden- und einen Punktkern-Kegelschnitt K_g und K_p, welche die bekannte Lage haben:

Auf den Tangenten u von K_g liegen die zugeordneten Punkte x von K_p (Fig. 4).

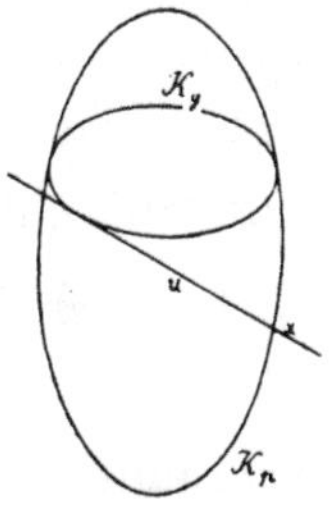

Figur 4.

Soll x auf der Geraden u liegen, so muß sein:

$$u_1 x_1 + u_2 x_2 + u_3 x_3 = 0, \text{ d. h. } u_\alpha = 0.$$

$u_\alpha = 0$ ist also die Gleichung von K_g. In obiger Korrelation fallen aber K_g und K_p zusammen, d. h. wir haben ein Polarsystem; denn der Berührpunkt x einer Tangente u von $u_\alpha = 0$ ist gegeben durch:

$$\begin{aligned} \varrho x_1 &= \frac{\partial u_\alpha}{\partial u_1} = a_1 u_1 + a_2 u_2 + a_3 u_3 \\ \varrho x_2 &= \frac{\partial u_\alpha}{\partial u_2} = a_2 u_1 + a_4 u_2 + a_5 u_3 \\ \varrho x_3 &= \frac{\partial u_\alpha}{\partial u_3} = a_3 u_1 + a_5 u_2 + a_6 u_3 . \end{aligned}$$

Dies sind aber eben die Koordinaten des Punktes x, der einem u vermöge der Korrelation entspricht.

---

1) $C = 0$!

Die Ecken der Am. Dreiecke sind also so bestimmt, daß in 3 Polarsystemen mit den Kegelschnitten $u_\alpha = 0$, $u_\beta = 0$, $u_\gamma = 0$ zu einer Geraden u die Pole in bezug auf diese drei Kegelschnitte bestimmt werden.

X ist auf u durch das D.V. μ bestimmt: $(MNOX) = \mu$. Für die Tangenten von u_α, u_β oder u_γ geht u durch eine Ecke (x), (y) oder (z) des Am. Dreiecks. Dann fällt aber diese Ecke mit X zusammen (und zwar für jedes μ). Dies bedeutet aber, daß $u_\alpha = 0$, $u_\beta = 0$, $u_\gamma = 0$ zu den Kurven E_W gehören. Damit ist die geometrische Bedeutung dieser partikulären Lösungen klar gelegt.

Wir wollen nun den analytischen Zusammenhang dieser partikulären Lösungen mit dem gegebenen Connex angeben. Die Gleichung desselben sei wieder: $f \equiv f_1 x_1 + f_2 x_2 + f_3 x_3 = 0$ (f_1, f_2, f_3 vom 4. Grade in u). Dessen Integralkurven[1]) sind nach dem Bisherigen:

$$\Phi \equiv u_\alpha^{-1} \cdot u_\beta^{\mu} \cdot u_\gamma^{1-\mu} = C.$$

Nach Obigem erhalten wir eine partikuläre Lösung, wenn beispielsweise x mit X zusammenfällt. X ist Schnittpunkt von u und f; x entspricht u vermöge der Korrelation.

x fällt mit X zusammen, wenn:

$$f_1 \cdot (a_1 u_1 + a_2 u_2 + a_3 u_3) + f_2 \cdot (a_2 u_1 + a_4 u_2 + a_5 u_3) + f_3 \cdot \\ \cdot (a_3 u_1 + a_5 u_2 + a_6 u_3) = 0,$$

wobei außerdem $u_\alpha = 0$, denn nur für die Tangenten von u_α kommt x auch auf u zu liegen. Somit muß stattfinden:

$$f_1 \cdot (a_1 u_1 + a_2 u_2 + a_3 u_3) + f_2 \cdot (a_2 u_1 + a_4 u_2 + a_5 u_3) + f_3 \cdot \\ \cdot (a_3 u_1 + a_5 u_2 + a_6 u_3) = k_1 \cdot u_\alpha.$$

Hierin bedeutet k_1 eine Funktion 3. Grades in u.

Letztere Beziehung können wir auch schreiben in der Form:

$$f_1 \frac{\partial u_\alpha}{\partial u_1} + f_2 \frac{\partial u_\alpha}{\partial u_2} + f_3 \frac{\partial u_\alpha}{\partial u_3} = k_1 \cdot u_\alpha \text{}^{2)}.$$

---

1) Wir setzen den im § 13 angeführten Beweis über die Identität des Connexes (1,4) und des Nullsystems 5. Grades vorerst noch voraus.

2) Analoges für u_β und u_γ.

Dies ist die Bedingungsgleichung dafür, daß u_α eine partikuläre Lösung darstellt, ganz in Übereinstimmung mit der von Darboux (s. § 14, S. 274) in ganz anderer Weise abgeleiteten Bedingung. In welcher Weise sie sich zur Auffindung der Integralkurven eignet, soll in dem Beispiel des nächsten Paragraphen gezeigt werden.

Bilden wir noch:

$$f_1 \cdot \frac{\partial \Phi}{\partial u_1} + f_2 \frac{\partial \Phi}{\partial u_2} + f_3 \frac{\partial \Phi}{\partial u_3} = \frac{\partial \Phi}{\partial u_\alpha} \cdot \left(f_1 \frac{\partial u_\alpha}{\partial u_1} + f_2 \frac{\partial u_\alpha}{\partial u_2} + f_3 \frac{\partial u_\alpha}{\partial u_3}\right) +$$

$$+ \frac{\partial \Phi}{\partial u_\beta} \cdot \left(f_1 \frac{\partial u_\beta}{\partial u_1} + f_2 \frac{\partial u_\beta}{\partial u_2} + f_3 \frac{\partial u_\beta}{\partial u_3}\right) + \frac{\partial \Phi}{\partial u_\gamma}\left(f_1 \frac{\partial u_\gamma}{\partial u_1} + f_2 \frac{\partial u_\gamma}{\partial u_2} + f_3 \frac{\partial u_\gamma}{\partial u_3}\right) =$$

$$= - u_\alpha^{-2} u_\beta u_\gamma \cdot k_1 u_\alpha + \mu u_\alpha^{-1} \cdot u_\beta^{\mu - 1} \cdot u_\gamma \cdot k_2 u_3 + (1 - \mu) u_\alpha^{-1} \cdot u_\beta \cdot$$

$$\cdot u_\gamma^{-\mu} \cdot k_3 u_\gamma = \Phi \cdot (- k_1 + \mu k_2 + (1 - \mu) k_3).$$

Φ ist das allgemeine Integral, wenn

$$f_1 \cdot \frac{\partial \Phi}{\partial u_1} + f_2 \frac{\partial \Phi}{\partial u_2} + f_3 \frac{\partial \Phi}{\partial u_3} = 0,$$

d. h. wenn $- k_1 + \mu k_2 + (1 - \mu) k_3 \equiv 0$.

Dieser letzten Beziehung müssen also die Funktionen k_1, k_2 und k_3 ebenfalls noch genügen und dies ist der Fall, wenn

$$k_1 \equiv k_2 \equiv k_3.$$

§ 12. Direkte Lösung der Differentialgleichung: $(u_2^2 u_3 - u_3^2 u_2) d u_1 + (u_3^2 u_1 - u_1^2 u_3) d u_2 + (u_1^2 u_2 - u_2^2 u_1) d u_3 = 0$ auf Grund der abgeleiteten Lösungsform:

$$u_\alpha^{-1} \cdot u_\beta^\mu \cdot u_\gamma^{1 - \mu} - C = 0.$$

Vorstehende Differentialgleichung ist hervorgegangen aus dem Connex:

$$u_1^2 x_1 + u_2^2 x_2 + u_3^2 x_3 = 0,$$

wobei gesetzt wurde:

$$\varrho x_1 = u_2 d u_3 - u_3 d u_2$$
$$\varrho x_2 = u_3 d u_1 - u_1 d u_3$$
$$\varrho x_3 = u_1 d u_2 - u_2 d u_1.$$

Die Integration in gewöhnlicher Weise ist leicht durchzuführen und soll am Schlusse zum Vergleich herangezogen werden.

Wir wissen, daß die Lösung in der Form $u_\alpha^{-1} \cdot u_\beta^\mu u_\gamma^{1-\mu} - C = 0$ erscheinen muß; dabei sind u_α, u_β, u_γ partikuläre Lösungen, welche nach S. 262 der Bedingung genügen:

$$\text{z. B. } f_1 \frac{\partial u_\alpha}{\partial u_1} + f_2 \frac{\partial u_\alpha}{\partial u_2} + f_3 \frac{\partial u_\alpha}{\partial u_3} = k_1 u_\alpha .$$

In unserem Falle ist $f_i = u_i^2$, folglich ist k_1 eine lineare Funktion:

$$k_1 = a_1 u_1 + a_2 u_2 + a_3 u_3 .$$

Es ist

$$\frac{\partial u_\alpha}{\partial u_1} = 2(\alpha_1 u_1 + \alpha_2 u_2 + \alpha_3 u_3); \quad \frac{\partial u_\alpha}{\partial u_2} = 2(\alpha_2 u_1 + \alpha_4 u_2 + \alpha_5 u_3);$$

$$\frac{\partial u_\alpha}{\partial u_3} = 2(\alpha_3 u_1 + \alpha_5 u_2 + \alpha_6 u_3).$$

Somit wird

$$\begin{aligned}
f_1 \frac{\partial u_\alpha}{\partial u_1} + f_2 \frac{\partial u_\alpha}{\partial u_2} + f_3 \frac{\partial u_\alpha}{\partial u_3} &= u_1^2 \cdot 2(\alpha_1 u_1 + \alpha_2 u_2 + \alpha_3 u_3) + \\
&+ u_2^2 \cdot 2(\alpha_2 u_1 + \alpha_4 u_2 + \alpha_5 u_3) + u_3^2 \cdot 2(\alpha_3 u_1 + \alpha_5 u_2 + \alpha_6 u_3) = \\
&= 2(\alpha_1 u_1^3 + \alpha_2 u_1^2 u_2 + \alpha_3 u_1^2 u_3 + \alpha_2 u_2^2 u_1 + \alpha_4 u_2^3 + \alpha_5 u_2^2 u_3 + \\
&+ \alpha_3 u_3^2 u_1 + \alpha_5 u_3^2 u_2 + \alpha_6 u_3^3) \cdot k_1 \cdot u_\alpha = (a_1 u_1 + a_2 u_2 + a_3 u_3) \cdot \\
&\cdot [(\alpha_1 u_1 + \alpha_2 u_2 + \alpha_3 u_3) u_1 + (\alpha_2 u_1 + \alpha_4 u_2 + \alpha_5 u_3) u_2 + \\
&+ (\alpha_3 u_1 + \alpha_5 u_2 + \alpha_6 u_3) u_3] = \alpha_1 a_1 u_1^3 + (2\alpha_2 a_1 + \alpha_1 a_2) u_1^2 u_2 + \\
&+ (2\alpha_3 a_1 + \alpha_1 a_3) u_1^2 u_3 + (2\alpha_2 a_2 + \alpha_4 a_1) u_2^2 u_1 + 2(\alpha_2 a_3 + \\
&+ \alpha_3 a_2 + \alpha_5 a_1) u_1 u_2 u_3 + (2\alpha_3 a_3 + \alpha_6 a_1) u_3^2 u_1 + \alpha_4 a_2 u_2^3 + \\
&+ (2\alpha_5 a_2 + \alpha_4 a_3) u_2^2 u_3 + (2\alpha_3 a_3 + \alpha_6 a_2) u_3^2 u_2 + \alpha_6 a_3 u_3^3 .
\end{aligned}$$

Da $f_1 \frac{\partial u_\alpha}{\partial u_1} + f_2 \frac{\partial u_\alpha}{\partial u_2} + f_3 \frac{\partial u_\alpha}{\partial u_3} = k_1 u_\alpha$, so ergibt sich durch Koeffizientenvergleichung:

1) $\alpha_1 a_1 = 2\alpha_1$
2) $2\alpha_2 a_1 + \alpha_1 a_2 = 2\alpha_2$ oder $2\alpha_2(a_1 - 1) + \alpha_1 a_2 = 0$
3) $2\alpha_3 a_1 + \alpha_1 a_3 = 2\alpha_3$ „ $2\alpha_3(a_1 - 1) + \alpha_1 a_3 = 0$
4) $2\alpha_2 a_2 + \alpha_4 a_1 = 2\alpha_2$ „ $2\alpha_2(a_2 - 1) + \alpha_4 a_1 = 0$
5) $2(\alpha_2 a_3 + \alpha_3 a_2 + \alpha_5 a_1) = 0$
6) $2\alpha_3 a_3 + \alpha_6 a_1 = 2\alpha_3$ oder $2\alpha_3(a_3 - 1) + \alpha_6 a_1 = 0$
7) $\alpha_4 a_2 = 2\alpha_4$
8) $2\alpha_5 a_2 + \alpha_4 a_3 = 2\alpha_5$ oder $2\alpha_5(a_2 - 1) + \alpha_4 a_3 = 0$
9) $2\alpha_5 a_3 + \alpha_6 a_2 = 2\alpha_5$ „ $2\alpha_6(a_3 - 1) + \alpha_6 a_2 = 0$
10) $\alpha_6 a_3 = 2\alpha_6$.

Dieses System hat verschiedene Lösungen. Gleichung 1) ist befriedigt für $\alpha_1 = 0$ oder α_1 beliebig, $\alpha_1 = 2$. Würden wir wählen $\alpha_1 \neq 0$, so führt dies letzten Endes auf einen Widerspruch[1]) mit der Beziehung $k_1 \equiv k_2 \equiv k_3$ (s. S. 263). Desgleichen dürften in 7) und 10) α_4 und α_6 nicht beliebig sein.

Gleichungen 1), 7) und 10) sind also befriedigt, wenn $\alpha_1 = \alpha_4 = \alpha_6 = 0$. Aus 2) folgt alsdann:

$$2\alpha_2 a_1 = 2\alpha_2; \quad a_1 = 1; \quad \alpha_2 \neq 0.$$

In 3): $2\alpha_3 = 2\alpha_3$; $\alpha_3 \neq 0$; in 6): $2\alpha_3 a_3 = 2\alpha_3$; $a_3 = 1$; in 8) $2\alpha_5 a_2 = 2\alpha_5$; $a_2 = 1$; $\alpha_5 \neq 0$.

Zunächst erhalten wir also:

$$\begin{aligned} u_\alpha &= 2(\alpha_2 u_1 u_3 + \alpha_3 u_1 u_3 + \alpha_5 u_2 u_3) \quad \text{und analog} \\ u_\beta &= 2(\beta_2 u_1 u_3 + \beta_3 u_1 u_3 + \beta_5 u_2 u_3) \\ u_\gamma &= 2(\gamma_2 u_1 u_3 + \gamma_3 u_1 u_3 + \gamma_5 u_2 u_3), \end{aligned}$$

wobei noch gilt nach Gleichung 5):

$$\begin{aligned} \alpha_2 + \alpha_3 + \alpha_5 &= 0 \\ \beta_2 + \beta_\beta + \beta_5 &= 0 \\ \gamma_2 + \gamma_3 + \gamma_5 &= 0. \end{aligned}$$

Ferner ist $k_1 \equiv k_2 \equiv k_3 = u_1 + u_2 + u_3$.

Zur Bestimmung der noch unbestimmten Koeffizienten α_2, α_3, α_5; β_2, β_3, β_5; γ_2, γ_3, γ_5 haben wir weiter die auf S. 247 angegebenen fundamentalen Beziehungen zur Verfügung.

Die X_i berechnen sich aus den Gleichungen

$$\begin{matrix} u_1^2 x_1 + u_2^2 x_2 + u_3^2 x_3 = 0 \\ u_1 x_1 + u_2 x_2 + u_3 x_3 = 0 \end{matrix} \quad \text{zu} \quad \begin{aligned} \varrho X_1 &= u_2 u_3 (u_2 - u_3) \\ \varrho X_2 &= u_1 u_3 (u_3 - u_1) \\ \varrho X_3 &= u_1 u_2 (u_1 - u_2). \end{aligned}$$

Nach S. 247 ist:

$$\varrho X_i = (1 - \mu) u_\alpha u_\beta z_i + \mu u_\alpha u_\gamma y_i - u_\beta u_\gamma x_i.$$

Folglich muß z. B. sein:

$$(1 - \mu) u_\alpha u_\beta z_1 + \mu u_\alpha u_\beta y_1 - u_\beta u_\gamma x_1 = u_2 u_3 (u_2 - u_3).$$

Nun ist:

$$\varrho x_1 = \alpha_2 u_2 + \alpha_3 u_3; \quad \varrho y_1 = \beta_2 u_2 + \beta_3 u_3; \quad \varrho z_1 = \gamma_2 u_2 + \gamma_3 u_3.$$

---

[1]) Eine ausführliche Begründung hiefür ist unterlassen, da sie zu umständlich ist. Die Tatsache der richtigen Lösung möge genügen.

Eingesetzt:

$$u_2[u_\alpha u_\beta \gamma_2(1-\mu) + u_\alpha u_\gamma \beta_2 \mu - u_\beta u_\gamma \alpha_2] +$$
$$+ u_3[u_\alpha u_\beta \gamma_3(1-\mu) + u_\alpha u_\gamma \beta_3 \mu - u_\beta u_\gamma \alpha_3] = u_2 u_3 (u_2 - u_3).$$

Auf der linken Seite der Beziehung muß sich also der Faktor $u_2 u_3$ abspalten lassen, d. h. aus der ersten Klammer muß sich u_3, aus der zweiten u_2 heraussetzen lassen.

Es ist:

$$u_\alpha \cdot u_\beta = 4\,(u_1^2 u_2^2 \alpha_2 \beta_2 + u_1^2 u_3^2 \alpha_3 \beta_3 + u_2^2 u_3^2 \alpha_5 \beta_5 + u_1^2 u_2 u_3 (\alpha_2 \beta_3 +$$
$$+ \alpha_3 \beta_2) + u_1 u_2^2 u_3 (\alpha_2 \beta_5 + \alpha_5 \beta_2) + u_1 u_2 u_3^2 (\alpha_5 \beta_5 + \alpha_5 \beta_3)).$$

Nur das 1. Glied enthält u_3 nicht,
" " 2. " " u_2 " .

Zunächst muß also sein:

$$1)\quad \alpha_2 \beta_2 \gamma_2 = 0$$
$$2)\quad \alpha_3 \beta_3 \gamma_3 = 0.$$

$u_\alpha u_\gamma \beta_2$ und $u_\beta u_\gamma \alpha_2$ enthalten dieselben Glieder, die verschwinden müssen. Aus $\varrho X_2 = \ldots = u_1 u_3 (u_3 - u_1)$ würde sich noch ergeben: 3) $\alpha_5 \beta_5 \gamma_5 = 0$. Lösungen dieser drei letzten Beziehungea bilden: $\alpha_2 = \beta_3 = \gamma_5 = 0$. Um 2) zu erfüllen, könnte nicht etwa auch $\alpha_3 = 0$ sein; denn dann wäre wegen $\alpha_2 + \alpha_3 + \alpha_5 = 0$ auch $\alpha_5 = 0$; dies hätte zur Folge, daß

$$\varrho x_1 = \varrho x_2 = \varrho x_3 = 0.$$

Für $\alpha_2 = 0$ folgt aus $\alpha_2 + \alpha_3 + \alpha_5 = 0 : \alpha_3 = -\alpha_5$.
" $\beta_3 = 0$ " " $\beta_2 + \beta_3 + \beta_5 = 0 : \beta_2 = -\beta_5$.
" $\gamma_3 = 0$ " " $\gamma_2 + \gamma_3 + \gamma_5 = 0 : \gamma_2 = -\gamma_3$.

Damit sind die Koeffizienten für die Korrelationen bestimmt und diese lauten also:

$$\varrho x_1 = \alpha_3 u_3 \qquad \varrho' x_1 = u_3 \qquad \varrho'' y_1 = u_2 \qquad \varrho''' z_1 = u_2 - u_3$$
$$\varrho x_2 = -\alpha_3 u_3 \text{ oder } \varrho' x_2 = -u_3 \qquad \varrho'' y_2 = u_1 - u_3 \qquad \varrho''' z_2 = u_1$$
$$\varrho x_3 = \alpha_3 u_1 - \alpha_3 u_2 \qquad \varrho' x_3 = u_1 - u_2 \qquad \varrho'' y_3 = -u_2 \qquad \varrho''' z_3 = -u_1.$$

Dann wird $u_\alpha = u_1 u_3 - u_2 u_3 = u_3 (u_1 - u_2)$

$$u_\beta = u_1 u_2 - u_2 u_3 = u_2 (u_1 - u_3)$$
$$u_\gamma = u_1 u_2 - u_1 u_3 = u_1 (u_2 - u_3).$$

Nun wäre noch μ zu bestimmen. Es ergibt sich aber, wenn wir aus den gefundenen Korrelationen X berechnen:

$$\varrho X_1 = (1-\mu)\, u_\alpha u_\beta z_1 + \mu u_\alpha u_\gamma y_1 - u_\beta u_\gamma x_1 =$$
$$= u_2 u_3 (u_2 - u_3) \left[- u_1 u_2 + u_2 u_3 + \mu u_1 u_3 - \mu u_2 u_3 \right];$$

analog:

$$\varrho X_2 = u_1 u_3 (u_3 - u_1) [\ldots]$$
$$\varrho X_3 = u_1 u_2 (u_1 - u_2) [\ldots].$$

Die Ausführung der Rechnung zeigt, daß der Klammerausdruck immer derselbe wird; wir können ihn also in ϱ einbeziehen; daraus folgt wiederum, daß μ willkürlich gewählt werden kann.

Dies ist auch geometrisch leicht einzusehen:

Das D.V. μ kann nur unbestimmt und daher willkürlich sein, wenn die Am. △ immer in Gerade ausarten. Es ist dies der Fall, wenn

$$\varrho z_1 = x_1 + \lambda y_1 = u_3 + \lambda u_2$$
$$\varrho z_2 = x_2 + \lambda y_2 = - u_3 + \lambda (u_1 - u_3)$$
$$\varrho z_3 = x_3 + \lambda y_3 = u_1 - u_2 + \lambda (- u_2).$$

Wir erkennen, daß für $\lambda = -1$ Punkt z hervorgeht. x, y, z liegen also immer in einer Geraden und daher ist das D.V. unbestimmt.

Die allgemeine Lösung der vorgelegten Differentialgleichung lautet mithin:

$$\Phi \equiv [u_3 \cdot (u_1 - u_2)]^{-1} \cdot [u_2 \cdot (u_1 - u_3)]^{\mu} \cdot [u_1 \cdot (u_2 - u_3)]^{1-\mu} = C.$$

Durch Differentiation läßt sich bestätigen, daß $\Phi = C$ wirklich die allgemeine Lösung darstellt. Es ergibt sich nämlich:

$$\varrho \frac{\partial \Phi}{\partial u_1} = u_2 u_3 (u_2 - u_3) \text{ etc.}$$

$u_\alpha = 0$, $u_\beta = 0$, $u_\gamma = 0$ sind partikuläre Lösungen. Auch dies können wir geometrisch bestätigen. Es ist z. B. $u_\alpha \equiv u_3 \cdot (u_1 - u_2) = 0$ ein Polarkegelschnitt, der in die beiden Büschel $u_3 = 0$ und $u_1 - u_2 = 0$ zerfällt. Tatsächlich fallen hiefür x und X immer zusammen.

Zum Vergleich wollen wir nun unsere Differentialgleichung in gewöhnlicher Weise integrieren und zwar nach Forsyth S. 297.

Ist die totale Differentialgleichung $P du_1 + Q du_2 + R du_3 = 0$ gegeben und ist die Integrabilitätsbedingung

$$P\left(\frac{\partial Q}{\partial u_3} - \frac{\partial R}{\partial u_2}\right) + Q\left(\frac{\partial R}{\partial u_1} - \frac{\partial P}{\partial u_3}\right) + R\left(\frac{\partial P}{\partial u_2} - \frac{\partial Q}{\partial u_1}\right) = 0$$

erfüllt, so wird zunächst die Differentialgleichung $P du_1 + Q du_2 = 0$ integriert.

Für unseren Fall ist $P = u_2 u_3 (u_2 - u_3)$; $Q = u_3 u_1 (u_3 - u_1)$; $R = u_1 u_2 (u_1 - u_2)$.

$$P du_1 + Q du_2 \equiv u_2 du_3 (u_2 - u_3) du_1 + u_1 u_3 (u_3 - u_1) du_2 = 0,$$

$$\frac{du_1}{u_1 (u_3 - u_1)} - \frac{du_2}{u_2 (u_3 - u_2)} = 0.$$

Es ist

$$\int \frac{du_1}{u_1 (u_3 - u_1)} = \int \frac{du_1}{u_3 u_1} + \int \frac{du_1}{u_3 (u_3 - u_1)} = \frac{1}{u_3} ln\, u_1 - \frac{1}{u_3} ln\, (u_3 - u_1) +$$

$$+ C = \frac{1}{u_3} ln \frac{u_1}{u_3 - u_1} + C.$$

Somit:

$$\frac{1}{u_3} ln \frac{u_1}{u_3 - u_1} - \frac{1}{u_3} ln \frac{u_2}{u_3 - u_2} = C',$$

oder, da u_3 als konstant zu betrachten ist:

$$ln \frac{u_1}{u_3 - u_1} \cdot \frac{u_3 - u_2}{u_2} = ln\, C''$$

$$u \equiv \frac{u_1}{u_2} \cdot \frac{u_3 - u_2}{u_3 - u_1} = C''.$$

Nach Forsyth S. 298 bilden wir

$$\frac{\partial u}{\partial u_1} = \frac{u_3 - u_2}{u_2} \cdot \frac{u_3 - u_1 + u_1}{(u_3 - u_1)^2} = \frac{u_3}{u_2} \cdot \frac{u_3 - u_2}{(u_3 - u_1)^2},$$

$$\lambda P \equiv \lambda u_2 u_3 (u_2 - u_3) = - \frac{u_3}{u_2} \cdot \frac{u_2 - u_3}{(u_3 - u_1)^2}; \quad \lambda = - \frac{1}{u_2^2 \cdot (u_3 - u_1)^2},$$

$$\frac{\partial u}{\partial u_3} = - \frac{u_1}{u_2} \cdot \frac{u_1 - u_2}{(u_3 - u_1)^2},$$

$$S = - \frac{1}{u_2^2 (u_3 - u_1)^2} \cdot u_1 u_2 (u_1 - u_2) + \frac{u_1}{u_2} \cdot \frac{u_1 - u_2}{(u_3 - u_1)^2} \equiv 0.$$

Folglich ist $du = 0$; $u = C$ ist die vollständige Lösung, oder

$$\frac{u_1}{u_2} \cdot \frac{u_3 - u_2}{u_3 - u_1} = C.$$

Dies ist aber dieselbe Lösung wie die auf S. 267 angegebene. Denn letztere können wir in der Form schreiben:

$$\underbrace{\frac{u_1}{u_3} \cdot \frac{u_2 - u_3}{u_1 - u_2}}_{C_1} \cdot \Bigl(\underbrace{\frac{u_2}{u_1} \, \frac{u_1 - u_3}{u_2 - u_3}}_{C_2}\Bigr)^{\mu} = C'.$$

Der Faktor C_2 stellt den reziproken Wert von C dar. Ist C_2 konstant, so zeigt sich, daß auch C_1 konstant ist, d. h. C_1 und C_2 bedeuten dieselbe Schar von Kurven. C_2 können wir außerdem in die μ^{te} Potenz erheben und setzen $C_2^{\mu} = C_2'$.

Es ist

$$C_2 = \frac{u_2}{u_1} \cdot \frac{u_1 - u_3}{u_2 - u_3} \quad \text{oder}$$

$$u_2 u_3 - u_1 u_2 = C_2 u_1 u_3 - C_2 u_1 u_2 \quad \text{oder}$$

1) $u_1 u_2 (C_2 - 1) + u_2 u_3 - C_2 u_1 u_3 = 0.$

Ebenso erhalten wir aus

$$C_1 = \frac{u_1}{u_3} \cdot \frac{u_2 - u_3}{u_1 - u_2}.$$

2) $u_1 u_2 + C_1 u_2 u_3 - (C_1 + 1) u_1 u_3 = 0.$

1) und 2) stellen dieselbe Kurvenschar dar, wenn

$\alpha)$ $C_2 - 1 = k$	$\frac{\alpha)}{\beta)} : C_2 - 1 = \frac{1}{C_1}; \quad C_2 = \frac{C_1 + 1}{C_1}$
$\beta)$ $1 = k C_1$	
$\gamma)$ $C_2 = k (C_1 + 1)$	$\frac{\beta)}{\gamma)} : C_2 \quad = \frac{C_1 + 1}{C_1}.$

Ist also C_1 konstant, dann ist auch C_2 konstant und umgekehrt.

§ 13. Zum allgemeinen Connex (1,4) kann das allgemeine Nullsystem 5. Grades, bestimmt durch drei allgemeine Korrelationen und D.V. μ, so konstruiert werden, daß die Hauptcoincidenz des Connexes und der Nullpunkt des Nullsystems identisch sind[1]).

Gehen wir vom Connex (1,4) aus: $f_1 x_1 + f_2 x_2 + f_3 x_3 = 0$. Einem Punkte p entspricht vermöge der Connexgleichung eine allgemeine Kurve 4. Klasse C_u mit der Gleichung: $f_1 p_1 + f_2 p_2 + f_3 p_3 = 0$.

Irgend einer Geraden u durch p ist projektiv eine Tangente u_1 von C_u zugeordnet; C_u bildet einen zu p projektiven Strahlenbüschel 4. Klasse. Der Schnittpunkt von u und u_1 ist der Punkt der Hauptcoincidenz. Die dem Strahlenbüschel p zugeordnete Kurve ist eine allgemeine Kurve 5. Ordnung.

Betrachten wir nun das Nullsystem der Korrelationen.

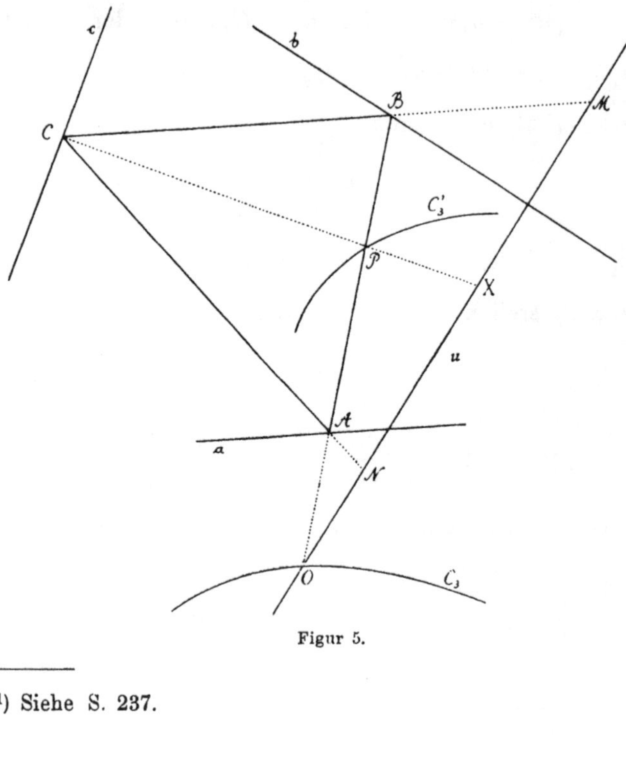

Figur 5.

[1]) Siehe S. 237.

Die Gerade u möge sich um den Punkt p drehen. Dann bewegt sich Punkt A ($\equiv x$) auf einer Geraden a, die p in der 1. Korrelation entspricht. Ebenso bewegt sich B auf einer Geraden b, C auf einer Geraden c. Seite AB des $\triangle ABC$ beschreibt einen Kegelschnitt, Schnittpunkt O von AB und u liefert eine allgemeine Kurve 3. Ordnung. Da X auf u so bestimmt sein soll, daß $(MNOX) = \mu$, so ist auch das D.V. der 4 Strahlen CB, CA, CO und CP, also $C\,(BAOP) = \mu$, d. h. Punkt P ist auf AB durch eine lineare Beziehung bestimmt; daher beschreibt auch Punkt P eine allgemeine Kurve 3. Ordnung C_3'.

Mithin ist die Enveloppe von CP ($\equiv CX$) eine allgemeine Kurve 4. Klasse. Da nun dieselbe aus den 3 Korrelationen und dem bewußten Zusammenhange mit dem D.V. μ hervorgegangen ist, so müssen sich auch umgekehrt zu einer allgemeinen Kurve 4. Klasse, wie sie durch einen Connex (1,4) bestimmt wird, drei allgemeine Korrelationen mit dem D.V. μ so bestimmen lassen, daß die Hauptcoincidenz des Connexes und der Nullpunkt des Korrelationen-Nullsystems identisch sind. Damit ist aber unsere Behauptung erwiesen.

Daß sich schließlich die Korrelationen so bestimmen lassen, daß sie das für die B.T. erforderliche System der Koeffizienten

$$\begin{matrix} a_1 & a_2 & a_3 \\ a_2 & a_4 & a_5 \\ a_3 & a_5 & a_6 \end{matrix}$$

haben, ist leicht einzusehen. Kann doch eine allgemeine Korrelation so transformiert werden, daß sie in der viel spezielleren kanonischen Form $\varrho x_1 = k_1 u_1$; $\varrho x_2 = k_2 u_2$; $\varrho x_3 = k_3 u_3$ erscheint.

In welcher Weise diese Koeffizienten bestimmt werden müssen, ist an dem Beispiel des § 12 gezeigt worden.

Wir können somit sagen:

Die Integralkurven des Connexes (1, 4) und damit auch die der Differentialgleichung: $F_1\,du + F_2\,dv = 0$ haben allgemein die Gleichungsform:

$$u_\alpha^{-1} \cdot u_\beta^{\mu} \cdot u_\gamma^{1-\mu} = C,$$

worin u_α, u_β, u_γ die früher angegebene Bedeutung haben.

§ 14. Vergleich mit der Abhandlung von Darboux: „Mémoire sur les Équations différentielles algébriques du premier Ordre et du premier Degré". [Bulletin des Sciences Mathématiques et Astronomiques, 1878.]

Auf oben erwähnte Abhandlung wurde ich nach Abfassung der Paragraphen 1—13 der vorliegenden Arbeit durch Hrn. Geh. Rat Dr. Finsterwalder aufmerksam gemacht. Das Ergebnis von Darboux zeigt große Ähnlichkeit mit der von uns angegebenen Form der allgemeinen Lösung. Im folgenden soll in Kürze der wesentliche Inhalt der Darbouxschen Abhandlung wiedergegeben werden, und indem wir eine eigene Kritik Darboux' anführen, werden wir die von uns angegebene Lösung als weittragender ansprechen dürfen.

Darboux geht von einem Connex $(m, 1)$[1]) aus, der nach Clebsch zu den algebraischen Differentialgleichungen erster Ordnung und ersten Grades führt. Ist dieser Connex: $Lu_1 + Mu_2 + Nu_3 = 0$, so lautet die Differentialgleichung:

$$a)\quad \begin{aligned} &L(x_2\,dx_3 - x_3\,dx_2) + M(x_3\,dx_1 - x_1\,dx_3) + \\ &+ N(x_1\,dx_2 - x_2\,dx_1) = 0^{1}), \end{aligned}$$

oder $P dx_1 + Q dx_2 + R dx_3 = 0$, worin:

$$\begin{aligned} P &= Mx_3 - Nx_2 \\ Q &= Nx_1 - Lx_3 \\ R &= Lx_2 - Mx_1 \end{aligned} \qquad L, M, N \text{ sind homogene Funktionen } m^{\text{ten}} \text{ Grades in } x_1, x_2, x_3.$$

Um die Differentialgleichung $a)$ zu integrieren, sucht Darboux den Faktor μ zu bestimmen, der den Ausdruck:

$$\mu[L(x_2 dx_3 - x_3 dx_2) + M(x_3 dx_1 - x_1 dx_3 + N(x_1 dx_2 - x_2 dx_1)]$$

zum vollständigen Differential einer homogenen Funktion von der Dimension Null macht. Das allgemeine Integral ergibt sich alsdann, indem man diese Funktion gleich einer Konstanten setzt.

Damit nun eine totale Differentialgleichung: $P dx_1 + Q dx_2 + R dx_3 = 0$ eine Lösung $\Phi(x_1, x_2, x_3) = C$ besitzt, muß P, Q, R proportional zu den partiellen Differentialquotienten der Funktion Φ sein; es muß also stattfinden[2]):

$$\mu P = \frac{\partial \Phi}{\partial x_1}; \quad \mu \cdot Q = \frac{\partial \Phi}{\partial u_2}; \quad \mu \cdot R = \frac{\partial \Phi}{\partial x_3}.$$

---

[1]) Vgl. S. 234. x und u sind lediglich vertauscht.

[2]) Vgl. auch Forsyth p. 294.

Dies führt zu der Relation:

$$P\left(\frac{\partial Q}{\partial x_3} - \frac{\partial R}{\partial x_2}\right) + Q\left(\frac{\partial R}{\partial x_1} - \frac{\partial P}{\partial x_3}\right) + R\left(\frac{\partial P}{\partial x_2} - \frac{\partial Q}{\partial x_1}\right) = 0.$$

Ist diese Relation erfüllt, so führt die Differentialgleichung zu einer Stammgleichung von der Form: $\Phi(x_1, x_2, x_3) = C$.

Bei Darboux führt dies zu der Integrationsbedingung:

$$\beta)\quad L\frac{\partial \mu}{\partial x_1} + M\frac{\partial \mu}{\partial x_2} + N\frac{\partial \mu}{\partial x_3} + \mu\left(\frac{\partial L}{\partial x_1} + \frac{\partial M}{\partial x_2} + \frac{\partial N}{\partial x_3}\right) = 0.$$

Dabei muß μ eine homogene Funktion sein und der Bedingung genügen:

$$x_1\frac{\partial \mu}{\partial x_1} + x_2\frac{\partial \mu}{\partial x_2} + x_3\frac{\partial \mu}{\partial x_3} + (m + 2)\mu = 0,$$

d. h. der Grad von μ ist $-m-2$, denn für eine homogene Funktion m^{ten} Grades besteht die Beziehung:

$$x_1\frac{\partial f}{\partial x_1} + x_2\frac{\partial f}{\partial x_2} + x_3\frac{\partial f}{\partial x_3} = mf.$$

μ ist ein Multiplikator der Differentialgleichung und wird als der Jakobische „letzte Multiplikator" bezeichnet[1]). Jakobi gelangt zu diesem Multiplikator, indem er die Lösung für das simultane System:

$$\frac{dx_1}{L} = \frac{dx_2}{M} = \frac{dx_3}{N}$$

zu bestimmen sucht. Letzteres Problem führt alsdann zu der Differentialgleichung β).

Darboux' Grundgedanke zur Ermittelung der Lösung der Differentialgleichung α) besteht nun in deren Aufbau aus partikulären Lösungen und damit auch der Bestimmung von μ.

Es sei $f = 0$ ein partikuläres Integral von α). Dann gelten die beiden Beziehungen:

$$\begin{aligned}\frac{\partial f}{\partial x_1}dx_1 + \frac{\partial f}{\partial x_2}dx_2 + \frac{\partial f}{\partial x_3}dx_3 &= 0\\ x_1\frac{\partial f}{\partial x_1} + x_2\frac{\partial f}{\partial x_2} + x_3\frac{\partial f}{\partial x_3} &= 0\end{aligned}\qquad (f \text{ homogene Funktion}).$$

1) Forsyth p. 330.

Hieraus ergibt sich:

$$\frac{\frac{\partial f}{\partial x_1}}{x_2\,dx_3 - x_3\,dx_2} = \frac{\frac{\partial f}{\partial x_2}}{x_3\,dx_1 - x_1\,dx_3} = \frac{\frac{\partial f}{\partial x_3}}{x_1\,dx_2 - x_2\,dx_1}.$$

Ersetzen wir in α) die Binome $x_2\,dx_3 - x_3\,dx_2$ etc. durch die proportionalen Ausdrücke $\frac{\partial f}{\partial x_1}$ etc., so lautet die Bedingung, daß $f = 0$ ein partikuläres Integral von α) ist:

$$L\frac{\partial f}{\partial x_1} + M\frac{\partial f}{\partial x_3} + N\frac{\partial f}{\partial x_3} = 0.$$

Diese Gleichung ist aber nicht notwendig eine Identität; es genügt, daß die vorliegende Gleichung für alle Punkte der Kurve $f = 0$ erfüllt ist, daß also identisch stattfindet:

$$L\frac{\partial f_1}{\partial x_1} + M\frac{\partial f}{\partial x_2} + N\frac{\partial f}{\partial x_3} = K \cdot f.$$

Hierin bedeutet K ein Polynom $(m-1)^{\text{ten}}$ Grades.

Wir haben hier dieselbe Bedingung vor uns, die wir rein geometrisch auf S. 262 beim Connex (1, 4) abgeleitet haben.

Bedeutet $\triangle$ die Operation:

$$L\frac{\partial}{\partial x_1} + M\frac{\partial}{\partial x_2} + N\frac{\partial}{\partial x_3},$$

so können wir die vorhergehende Gleichung schreiben:

$$\triangle f = K \cdot f.$$

Darboux gibt nun an, wie man aus einer genügenden Anzahl bekannter partikulären abgebraischen Lösungen das allgemeine Integral bestimmen kann. Ist letzteres $\varphi = C$, so gilt: $\triangle \varphi = 0$. Es seien p partikuläre algebraische Lösungen bekannt: $u_1, u_2, \ldots u_p$. Dann gelten die identischen Beziehungen:

$$\triangle u_1 = K_1 \cdot u_1; \quad \triangle u_2 = K_2\,u_2; \quad \ldots \quad \triangle u_p = K_p \cdot u_p,$$

worin $K_1, K_2, \ldots K_p$ Polynome $(m-1)^{\text{ten}}$ Grades sind. Darboux sagt dann wörtlich: „Unter den Eigenschaften des Symbols $\triangle$ kann man die folgende bemerken:

$$\triangle \varphi(u, v, w, \ldots) = \frac{\partial \varphi}{\partial u}\triangle u + \frac{\partial \varphi}{\partial v}\triangle v + \frac{\partial \varphi}{\partial w} \cdot \triangle w + \ldots$$

Indem man eine Anwendung hievon macht, hat man:

$$\triangle (u_1^{a_1} \cdot u_2^{a_2} \cdot u_3^{a_3} \ldots u_p^{a_p}) = (a_1 K_1 + a_2 K_2 + a_3 K_3 + \ldots + \\ + a_p K_p)\, u_1^{a_1} \cdot u_2^{a_2} \ldots u_p^{a_p}.$$

$a_1, a_2, \ldots a_p$ sind konstante Exponenten. Wenn man über diese Exponenten $a_1, a_2, \ldots a_p$ derart verfügen kann, daß man hat:

I) $$a_1 K_1 + a_2 K_2 + a_3 K_3 + \ldots + a_p K_p = 0$$

und auch, wenn $h_1, h_2, \ldots h_p$ die Gerade von $u_1, u_2, \ldots u_p$ bezeichnet:

II) $h_1 a_1 + h_2 a_2 + \ldots + h_p a_p = 0$, so ist $u_1^{a_1} \cdot u_2^{a_2} \ldots u_p^{a_p}$ eine homogene Funktion von der Dimension Null und genügt der Gleichung:

$$\triangle \varphi = 0.$$

Das allgemeine Integral ist also:

$$u_1^{a_1} \cdot u_2^{a_2} \cdot u_3^{a_3} \ldots u_p^{a_p} = C.$$

Nun sind aber die Polynome K vom Grade $m - 1$ und sie enthalten im allgemeinen $\frac{m(m+1)}{2}$ Glieder.

Die Gleichung I) liefert also $\frac{m(m+1)}{2}$ Gleichungen ersten Grades zwischen $a_1, a_2, a_3, \ldots a_p$. Im ungünstigsten Falle hat man also, der Gleichung II noch Rechnung tragend, $\frac{m(m+1)}{2} + 1$ Gleichungen zu befriedigen, und da sie homogen sind, so darf man höchstens $m \cdot \frac{m+1}{2} + 2$ Unbekannte a haben. Man hat also folgendes Theorem, das ausnahmslos gilt:

Kennt man $m \cdot \frac{m+1}{2} + 2 = q$ partikuläre algebraische Lösungen der gegebenen Differentialgleichung a): $u_1, u_2, \ldots u_q$, so läßt sich das allgemeine Integral immer in der Form schreiben:

$$u_1^{a_1} \cdot u_2^{a_2} \ldots u_q^{a_q} = C."$$

Diese Form der Lösung hat nun in der Tat überraschende Ähnlichkeit mit der in dieser Arbeit angegebenen Form der Lösung.

Zunächst ist zu bemerken, daß die Lösung von Darboux für den allgemeinen Fall gilt, daß L, M, N Funktionen m^{ten} Grades sind, während in unserem Falle diese Funktionen vom 4. Grade sind. Hiezu bemerke ich, daß es auf Grund meiner Dissertation keine Schwierigkeiten macht, das Problem nach denselben Grundgedanken, wie sie vorliegende Arbeit enthält, zu verallgemeinern. Ich habe hievon zunächst Abstand genommen, weil durch die allgemeinen linearen Transformationen (= Korrelationen) ein gewisses Gebiet abgegrenzt ist.

Für $m = 4$ sind nun bei Darboux $\frac{4 \cdot 5}{2} + 2 = 12$ partikuläre Lösungen im allgemeinen notwendig: $u_1, u_2, \ldots u_{12}$. Die Lösung lautet:

$$u_1^{a_1} \cdot u_2^{a_2} \cdot u_3^{a_3} \ldots u_{12}^{a_{12}} = C.$$

Der grundlegende Unterschied zwischen der Darboux'schen Form der Lösung (A) und der von mir angegebenen (B) ist der folgende:

$$A: u_1^{a_1} \cdot u_2^{a_2} \ldots u_{12}^{a_{12}} = C$$

$$B: u^{-1} \cdot u_\beta^\mu \cdot u_\gamma^{1-\mu} = C, \text{ worin}$$

$$u_\alpha = (a_1 u_1 + a_2 u_2 + a_3 u_3) u_1 + (a_2 u_1 + a_4 u_2 + a_5 u_3) u_2 + \\ + (a_3 u_1 + a_5 u_2 + a_6 u_3) u_3$$

Analog: u_β und u_γ.

(Die a in A sind nicht zu verwechseln mit denen von u_α in B).

In A kann allgemein über den Grad der $u_1, u_2 \ldots u_{12}$ nichts ausgesagt werden, während derselbe in B zu 2 für u_α, u_β, u_γ bestimmt ist.

Die Anzahl der partikulären Lösungen in A ist im allgemeinen 12; in B ist diese Anzahl auf 3 reduziert: u_α, u_β, u_γ.

Über den Aufbau der partikulären Lösungen $u_1, u_2, \ldots u_{12}$ in A kann Näheres nicht ausgesagt werden. In B fällt eben der gesetzmäßige Aufbau der partikulären Lösungen in die Augen, namentlich die Anordnung der Koeffizienten α, β, γ.

In A ist über die Exponenten $a_1, a_2, \ldots$ nichts ausgesagt. In B tritt nur μ auf mit der fundamentalen Bedeutung als Doppelverhältnis. Die geometrische Ableitung der Lösungsform B vertieft den Einblick in das Problem, insbesondere auch die geometrische Bedeutung der partikulären Lösungen u_α, u_β, u_γ.

Zu ihrer Bestimmung haben wir die Beziehungen auf S. 263 und S. 247 zur Verfügung. Auf S. 263 ergab sich $k_1 = k_2 = k_3$; bei Darboux ist über $K_1, K_2, \ldots$ nichts Näheres ausgesagt[1]).

Darboux, der nun zahlreiche Beispiele lediglich für den Fall $m = 2$ in der Weise behandelt, daß er umgekehrt aus gegebenen partikulären Lösungen die entsprechende Form der Differentialgleichung ableitet, sagt am Ende dieser Betrachtungen (S. 190):

„Il résulte des recherches des articles précédents que l'intégrale générale de l'équation différentielle du premier ordre, dans le cas où L, M, N sont du second degré, peut revêtir un très grand nombre de formes différentes. Sans doute, toutes les intégrales que nous avons trouvées ne sont pas essentiellement distinctes, et, du reste, nous ne nous sommes nullement attachés à les reduire au moindre nombre possible, et à montrer comment quelques-unes d'entre elles sont des cas particuliers des plus générales; il résulte néanmoins, de l'étude qui vient d'être faite, des conséquences qui nous paraissent dignes d'être signalées. Pendant que l'équation de Jacobi admet en définitive une seule forme d'intégrale dont toutes les autres sont des cas limites, l'équation différentielle la plus simple après elle peut être intégrée de plusieures manières différentes, et il est possible de donner pour chaque degré plusieurs faisceaux de courbes algébriques appartenant à des types différents et dont l'équation différentielle sera précisément celle que nous avons étudiée . . ."

Gerade die allgemeine Form für alle Lösungen in den Fällen, wo L, M, N Funktionen bis zum 4. Grade sein können, ist es, welche den charakteristischen Unterschied der Lösungen A und B ausmacht.

---

1) Nebenbei ersehen wir, daß auch die Darboux'sche Forderung II erfüllt ist: $2(-1) + 2\mu + 2(1-\mu) = 0$.

Bemerkungen über die Tiefenströme der Ozeane und ihre Beziehungen zur Antarktis.

Von **E. v. Drygalski.**

Vorgelegt in der Sitzung am 12. Juni 1926.

Indem ich mein vor kurzem abgeschlossenes Werk „Ozean und Antarktis“ (Deutsche Südpolar-Expedition, Bd. VII, W. de Gruyter und Co., Berlin 1926) vorlege, seien einige der darin niedergelegten Ergebnisse unserer Tiefsee-Forschungen mitgeteilt, nachdem ich in zwei früheren Vorträgen (Sitzungsberichte der mathematisch-naturwiss. Klasse 1924, S. 2*, S. 13*, S. 157) über die Oberflächenströmungen im Atlantischen und Indischen Ozean, sowie über neue Feststellungen im Bodenrelief des letzteren gesprochen hatte. Unsere Tiefsee-Forschungen sind auf die Erkenntnis der großen Wasserumsätze zwischen der Antarktis und den niederen Breiten gerichtet gewesen, wie man sie früher aus dem Vorhandensein kalter Wassermassen am Boden der Ozeane wohl erschließen, doch im einzelnen nicht verfolgen konnte. Diese Umsätze haben wir sowohl direkt verfolgt, nämlich durch Strommessungen im Schelfmeer des antarktischen Kontinents vor dem Rande des Inlandeises, als auch indirekt durch Beobachtungen der Temperatur-Salz-Gas-Plankton- und Bakterien-Werte des Meerwassers vom Schelfmeer an bis zum südlichen Wendekreis im Indischen Ozean, sowie bis zum nördlichen Wendekreis im Atlantik. Unsere Beobachtungen zeigen die Entwicklung der verschiedenen Wasserarten von bestimmtem physischen und biologischen Charakter von der Antarktis her bis in äquatoriale und bis in nördliche Breiten, sowie umgekehrt. Das vorgelegte Werk enthält 170 Seiten in Großquart mit zahlreichen Beobachtungstabellen, 7 Textzeichnungen, einer farbigen Profiltafel und 3 farbigen Karten.

Ein Hauptergebnis ist, daß sich im antarktischen Schelfmeer nördlich vom Gaußberg vor dem Rande des Inlandeises eine kalte ($t = -1,85^0$) und relativ salzarme ($S = 34,4$‰) Wassermasse von über 400 m Mächtigkeit befindet, die in der Jahresperiode — von den allerobersten Lagen abgesehen — nahezu konstante physische Eigenschaften hat, das typische Polarwasser. Sie wird dort in dieser Dicke, das ist bis gegen den Boden hin, durch die Winde bewegt und zwar — der herrschenden östlichen Richtung der Winde und dem ihnen annähernd parallelen Küstenverlauf, sowie dem Einfluß der Erdrotation entsprechend — in den obersten Lagen gegen die Küste hin und darunter bis über 300 m Tiefe zu ihr parallel in westnordwestlicher bis nordwestlicher Richtung. Die letztere ist der Ursprung des Polarwasserstroms, dessen Wasser ich aber nicht als Eisschmelzwasser bezeichnen möchte, weil es konstante Eigenschaften hat und bis rund 400 m Tiefe hinabreicht, während das typische Eisschmelzwasser nur nahe an der Oberfläche liegt und im Salzgehalt immer lebhaft schwankt, in der Temperatur auch, doch weniger stark. Das Polarwasser muß vielmehr als ein Grenzzustand des Ozeans aufgefaßt werden, wie er sich in anderer Ausbildung an allen Kontinentalküsten findet. Es hat vor der antarktischen durch das Inlandeis und dessen Auflösung seine konstante thermische und haline Fassung erhalten, nämlich Minimalwerte beider, wenn man die Horizontal-Entwicklung von Temperatur und Salzgehalt des Meerwassers zwischen Äquator und Pol betrachtet. Da das Polarwasser aus dem Schelfmeer nordwestlich abströmt, muß ozeanisches Wasser an anderer Stelle zum Inlandeise herangeführt werden, um vor dessen Rand jenen konstanten Grenzzustand zu erlangen. Dieser Ersatz erfolgt nach unseren Beobachtungen im Gaußberg-Gebiet nicht direkt von Norden her, weder an der Oberfläche noch in der Tiefe. Wo und wie er erfolgt, könnte ich hier nur vermutungsweise besprechen und lasse diese Frage deshalb zunächst unerörtert. Es kann ein Oberflächenstrom oder auch ein Tiefenstrom sein, der jenen Ersatz in anderen antarktischen Räumen zum Inlandeis heran und dann an ihm ostwestlich entlang führt.

Wir konnten den Polarwasserstrom an oder nahe unter der Meeresoberfläche bis über den 55^0 s. Br. nach Norden verfolgen. Da die Küste sich westlich vom Gaußberg gegen WSW wendet, biegt der Strom von ihr ab und aus dem Schelfmeer hinaus. Denn es drängen ihn auch die der Küste vorgelagerten Schelfeismassen aus der westnordwestlichen in die nordwestliche Richtung. Er verlor außerhalb des Schelfmeers, in welchem er über 300 m dick war, an Mächtigkeit und hatte eine wellig geformte Unterfläche. Seine Temperatur stieg bis jenseits 55° s. Br. langsam zu rund + 0,7° an, während sich sein Salzgehalt gleichzeitig kaum veränderte. Da dieser sich in der Westwindtrift also nicht verringert, liegt nach unseren Beobachtungen kein Anlaß vor, jenen regenreichen Breiten einen Einfluß auf seinen Minimalwert zuzuschreiben, und man kann diesen deshalb nur aus dem Schelfmeer und vom Inlandeis herleiten.

Nördlich von 55° s. Br. sank der Polarwasserstrom unter und zwar bis etwa 45° s. Br. zu 900 m Tiefe, dann langsam weiter, um im Indischen Ozean am südlichen Wendekreis um 1300 m Tiefe zu liegen. Im Atlantischen haben wir ihn von der Breite des Kaps der guten Hoffnung sogar bis über den nördlichen Wendekreis nach Norden hinaus überall um 1000 m Tiefe gefunden. Seine Temperatur lag am südlichen Wendekreis des Indischen Ozeans schon bei + 6,6°, doch sein Salzgehalt nur um 0,1‰ höher, wie im antarktischen Schelfmeer, nämlich bei 34,5‰. Im Atlantischen Ozean lag die Temperatur am nördlichen Wendekreis um + 8° und der Salzgehalt um 35,2‰. Das ist eine bemerkenswerte Konstanz in den physischen Eigenschaften dieses Polarwassers auf seinem weiten Weg vom antarktischen Inlandeis her durch zwei Ozeane, da die Temperatur von der Antarktis bis in und durch die Tropen hindurch nur ganz langsam steigt, und der Salzgehalt sich so wenig verändert. Im Bereich dieses Polarwassers liegt ein Maximum des Meerwassergehalts an Nitrat + Nitrit-Stickstoff, das sich im Betrage von 0,5 mgr pro Liter vom Schelfmeer her verfolgen läßt, und anscheinend auch eine reichere Entwicklung des Planktons, als — im Vertikalschnitt — darüber und darunter.

Über dem Polarwasser liegt das Oberflächenwasser, und zwar von Süden her bis über 55° s. Br. nach Norden hinaus von ganz geringer, dann mit dem Absinken des Polarwassers von zunehmender Mächtigkeit und von klimatisch oder durch Strömungen bedingten wechselnden Eigenschaften. Es ist innerhalb des Eises meistens, freilich nicht immer, als *Eisschmelzwasser* entwickelt, doch außerhalb des Treibeises in der Westwindtrift nur noch selten. Für das Schmelzwasser ist im Vergleich zum Polarwasser außer der geringen Dicke und der Lage unmittelbar an der Oberfläche der geringere und sehr wechselnde Salzgehalt charakteristisch, während die Temperaturen beider sich angleichen. Es läßt sich deshalb vom Polarwasser gut unterscheiden und sollte auch durch die Benennung — eben als *Einschmelzwasser* — abgetrennt werden. Denn was man von den wechselnden Erscheinungen der Eisschmelze sieht, ist in ihm zu finden, während die gleichmäßige Auflösung des Inlandeises in dem konstanten Zustand des *Polarwassers* erscheint. Auch wird ersteres nur von Oberflächenströmungen oder von flachen Windtriften bewegt, während das Polarwasser jenen zuerst nahe der Oberfläche liegenden, dann zur Tiefe sinkenden Stromverlauf hat.

Unter dem Polarwasser liegt eine mächtige Wassermasse, die noch am Rande des antarktischen Kontinentalschelfs etwa 2^0 wärmer und um 0,2‰ salzreicher ist als das Polarwasser. Es kann beide Eigenschaften nur in niederen Breiten angenommen haben und darf als *Tropenwasser* aufgefaßt werden, das sich in der Tiefe aus den niederen Breiten nach Süden bis zum Rande des antarktischen Kontinentalschelfs in wesentlich horizontalem Strom bewegt. In das flache Schelfmeer an der Gauß-Station südlich von Kerguelen ist es nur noch in Spuren eingetreten, und auch das nur im Sommer. Es kommt dort also nicht bis zum Inlandeis hin.

Dieses Tropenwasser geht unten in größerer Tiefe — ich habe etwa 2000 m angenommen — ohne bestimmte Abgrenzung in das ozeanische *Bodenwasser* über und dürfte sich, wie einige meiner Beobachtungen zeigen, mit diesem vielfach mischen, gleichwie es sich oben mit den unteren Lagen des Polarwassers in Wellungen mischt. Da das Bodenwasser schon am Schelfrande der Antarktis etwa $1{,}5^0$ wärmer als das Polarwasser ist, auch etwa 0,2‰ salzreicher, steht es in beiden Eigenschaften, besonders aber im Salzgehalt, dem Tropenwasser näher, denn es unterscheidet sich von diesem in der Temperatur nur um $0{,}5^0$ und im Salzgehalt fast gar nicht. Ich fasse das *Bodenwasser* deshalb als *Tropenwasser* auf, das sich am Schelfrande mit dem ihm dort entgegen strömenden

Polarwasser wellt und mischt, dadurch abgekühlt wird, schwerer wird und zu Boden sinkt, während sein Salzgehalt im allgemeinen unverändert bleibt und nur inselartige Einschlüsse von Wassermengen mit anderem Salzgehalt erhält. Das ist möglich, weil die Hauptmasse des Polarwassers ja über dem Tropenwasser nach Norden abströmt und sich bei den Begegnungen am Rande des Schelfs die Massen weniger selbst mischen als in ihren Temperaturen angleichen. Es ist ja eine von mir und anderen Forschern wiederholt betonte Erfahrung, daß sich die Temperaturen verschiedener Wasserarten bei der Begegnung schneller als ihre Salzwerte angleichen. Jedenfalls kann das Bodenwasser seine Temperatur dort nur in der Tiefe durch konvektive Abkühlung des Tropenwassers erhalten haben, nicht aber klimatisch an der Oberfläche, da es im Gaußberggebiet unter dem Polarwasser bleibt und an die Oberfläche gar nicht herankommt. Auch steht es ja im Salzgehalt dem Tropenwasser nahezu gleich.

Mein Buch behandelt auch die Art und Entstehung dieser großen, wesentlich horizontalen Wasserumsätze, die sich in der obigen Gliederung der Tiefsee kundgeben. Darnach hängt die Erregung des Tropenwasserstroms indirekt mit dem Sonnengange zusammen, denn sie schwillt mit diesem im Sommer der südlichen Hemisphäre an und dann in Spuren bis ins Schelfmeer hinein. Das Polarwasser, das ihm entgegen strömt und sich in seiner Hauptmasse über ihm nach Norden verbreitet, doch am Schelfrande auch mit ihm verzahnt und mischt, wird durch die Winde bewegt, und zwar oben zugleich mit den dünnen Schmelzwasserlagen darüber, unter dem gleichzeitigen Einfluß der Erdrotation, gegen die Küste hin, darunter als Windstaustrom zuerst zur Küste parallel, dann von ihr abbiegend aus dem Schelfmeer hinaus. Dieser letztere ließ sich im Schelfmeer durch direkte Messungen bis rund 400 m Tiefe verfolgen; nördlich vom Schelf war er weniger mächtig und hatte eine wellige Unterfläche, mit der er an das entgegen gerichtet strömende Tropenwasser grenzt. Das Absinken des Polarwassers nördlich von 55° s. Br. habe ich durch ihm entgegen wirkende warme Oberflächenstromäste also dynamisch zu begründen gesucht und seine Weiterentwicklung nach Norden um 1000 m Tiefe durch Dichteunterschiede. Hiernach würden die Windströme bis etwa 400 m Tiefe reichen und darunter konvektive Bewegungen herrschen. Die großen im wesentlichen horizontalen Strömungen des Bodenwassers vom Schelf der Antarktis bis in nördliche Breiten, wie des Tropenwassers darüber in umgekehrter Richtung bis zum Schelf der Antarktis und des Polarwassers nach seinem Absinken zu 1000 m Tiefe erscheinen durch Dichteunterschiede bestimmt.

Die hier mitgeteilten Anschauungen entstanden aus Beobachtungen auf der Deutschen Südpolar-Expedition 1901/03 und haben mich nun über 20 Jahre beschäftigt. Sie sind in meinem hier zur Vorlage gebrachten Buch „Ozean und Antarktis" für den Indischen und für den Atlantischen Ozean ausführlich begründet worden. Grundlagen dafür — nämlich das Salzminimum um 1000 m Tiefe, welches die Verbreitung des Polarwassers anzeigt —, habe ich schon in einem vorläufigen Bericht von der Expedition her berührt (Veröffentl. d. Instituts f. Meereskunde, Heft I, Berlin 1902, S. 47 f. und Tafel IV; O. Krümmel in Ann. d. Hydr. 1902, S. 394). Näheres, auch ein entsprechendes Strombild, bringt schon mein früheres Werk „Das Eis der Antarktis und der subantarktischen Meere" (Deutsche Südpolar-Expedition, W. de Gruyter und Co., Bd. I, S. 667/69, Berlin und Leipzig, ausgegeben im Dezember 1920). Hieraus geht die originale Entstehung und Entwicklung meiner Anschauungen zur Genüge hervor.

Ganz entsprechende originale Anschauungen hat W. Brennecke auf der Deutschland-Expedition 1911/12 im Atlantischen Ozean und im antarktichen Weddellmeer gewonnen und in seinem Werk „Die ozeanographischen Ergebnisse der deutschen antarktischen Expedition 1911/12, Hamburg 1921 niedergelegt, desgleichen schon früher in Berichten von der Expedition her angegeben (Annalen der Hydrographie 1911, S. 644). Sein Verdienst war es, den Ring der großen horizontalen Wasserumsätze des Polar-, Tropen- und Boden-Wassers, wie ich es oben unterschieden habe, dadurch wesentlich vervollständigt zu haben, daß er als erster einen nordatlantischen Tiefenstrom als den Spender jenes Tropenwassers erkannte und entwickelte, wie es bis zum Rande des antarktischen Kontinentalschelfs am Gaußberg, wie im Weddellmeer vordringt. Die von mir als Polarwasserstrom bezeichnete Bewegung über demselben hat W. Brennecke auch genau verfolgt und als subantarktischen Zwischenstrom bezeichnet, weil er in subantarktischen Breiten zur Tiefe sinkt. Er hat dabei an der wesentlich antarktischen Natur dieses Wassers auch nicht gezweifelt und sie in der Weddellsee ganz ähnlich beobachten können, wie ich im Gaußberggebiet. Dieser antarktischen Herkunft wegen möchte ich meine Bezeichnung als „Polarwasserstrom“ für geeigneter halten, wie die seinige als „subantarktischer Zwischenstrom“, da jene von dem Ursprungsgebiet des Wassers hergenommen ist und diese nur aus der Region, wo es bei gleichbleibenden Eigenschaften seine Tiefenlage verändert. Denn seine Eigenschaften stammen aus dem Schelfmeer her, wie ich schon S. 281 erwähnte.

Von großer Wichtigkeit ist es endlich gewesen, daß A. Merz und G. Wüst jene großen horizontalen Wasserumsätze, wie sie oben besprochen wurden, auch in den früher nicht so gedeuteten älteren Beobachtungen des „Challenger“ und der „Gazelle“ nachgewiesen haben, indem sie diese genauer sichteten und reduzierten, als es früher geschehen war. Sie haben auf Grund dessen ein Strombild entworfen, welches mit den von W. Brennecke und mir aus der Antarktis gewonnenen Vorstellungen durchaus in Einklang steht, auch in einem Punkt — weitere Ausschaltung von Vertikalströmen — über das von Brennecke hinausgeht. Dagegen blieb der Ursprung des Polarwasserstroms und auch des Bodenwassers bei ihnen naturgemäß unbestimmter, da ihr Material nicht, wie die Beobachtungen des „Gauß“ und der „Deutschland“, bis zum Rande des antarktischen Kontinentalschelfs und bis zum Inlandeis reicht, von wo wir die Entstehung und Entwicklung der beiden nordwärts gerichteten Bewegungen des Polar- und des Bodenwassers verfolgen konnten. (A. Merz zunächst in Verhandl. des Leipziger Geogr.-Tages, Berlin 1922, S. 144 ff. Dann mit G. Wüst in Zeitschr. d. Berliner Ges. f. Erdkunde 1922, S. 1 ff., S. 277 ff., S. 288 ff., 1923, S. 132 ff.; Sitzungsberichte der Preuß. Akademie der Wissenschaften, Sitzung der phys.-math. Klasse vom 26. November 1925, S. 562 ff.)

Durch die letztgenannten Arbeiten von A. Merz und G. Wüst und ihr darauf gegründetes organisatorisches Wirken ist der große Plan der in Ausführung begriffenen deutschen Atlantischen Expedition an Bord des „Meteor“ entstanden, auf der sein Urheber, A. Merz, seinen tief zu beklagenden, tragischen Tod fand. Wir dürfen aber hoffen, daß Kapitän Spieß und seine Gefährten das Werk fortsetzen und zur Vollendung bringen. Wir dürfen dann vom Meteor die genaue Festlegung der Tiefen-Lagen und -Grenzen jener großen Wasserumsätze erhoffen, von denen oben die Rede war und welche die der Antarktis zugewandten Expeditionen des „Gauß" und der „Deutschland" auf ihrem Wege dorthin naturgemäß im einzelnen ebensowenig bestimmen konnten, wie die älteren ozeanischen Expeditionen des „Challenger" und der „Gazelle". Dafür haben „Gauß" und „Deutschland" im Eise selbst und damit an den Quellen der großen Polar- und Bodenwasser-Bewegungen arbeiten können. Diese Quellen liegen am Rande des Inlandeises und des antarktischen Kontinentalschelfs.

Ich habe diese kurze historische Entwicklung unserer Anschauungen über die Tiefen-Bewegungen der Ozeane und ihren Zusammenhang mit der Antarktis hier mitgeteilt, weil sie neuerdings durch A. Penck wiederholt und zuletzt in der deutschen Literaturzeitung 1926, Nr. 19 bei einer Besprechung meines Buches eine sachlich und historisch irreführende Darstellung erfahren haben. Ich gehe auf Pencks Darlegungen nicht im einzelnen ein, weil sie teils persönlich sind, teils meine Ergebnisse in denen von anderen oder in solchen, die angeblich bei mir fehlen, so eingesponnen haben, daß die Entwirrung kein sachliches Interesse hat. Ich habe deshalb oben nur einige Punkte meines Buches nochmals genau präzisiert (Schichtungen der Tiefsee, Entstehung des Polar- und Bodenwassers, Mischungen, Grenzzustand). Über die Beziehungen der verschiedenen Anschauungen sind ja auch anders als bei Penck lautende Darlegungen inzwischen erschienen, z. B. von L. Möller, Assistent am Berl. Instit. f. Meereskunde (Verhandl. des Breslauer Geographentages, Berlin, Dietrich Reimer, 1926, S. 138) und von G. Schott (Naturwissenschaften, XIV. Jahrgang, S. 489). Ich kann denselben beitreten, sie auch ergänzen.

Über die an einer Unbestimmtheitsstelle regulären Lösungen eines Systems homogener linearer Differentialgleichungen.

Von F. Lettenmeyer in München.

Vorgelegt von O. Perron in der Sitzung am 12 Juni 1926.

Einleitung.

Von Herrn Perron wurde 1911 folgender Satz bewiesen[1]: „Die Koeffizienten der Differentialgleichung

$$A_p(x)y^{(p)} + A_{p-1}(x)y^{(p-1)} + \ldots + A_0(x)y = 0$$

seien in dem einfach zusammenhängenden Bereich $\mathfrak{B}$ regulär; A_p habe in $\mathfrak{B}$ genau s Nullstellen (mehrfache mehrfach gezählt) und es sei $s < p$. Dann besitzt die Gleichung mindestens $p - s$ linear unabhängige und im ganzen Bereich $\mathfrak{B}$ reguläre Lösungen."

Der Beweis dieses Satzes wurde 1921 von Herrn Hilb durch Anwendung eines bekannten Hilfssatzes über lineare Gleichungssysteme mit unendlichviel Unbekannten vereinfacht[2]).

In § 3 der vorliegenden Arbeit wird der Perronsche Satz zunächst für Systeme von Differentialgleichungen 1. Ordnung in Normalform verallgemeinert werden; d. h. für solche Systeme, welche nach den Ableitungen y_i' $(i = 1, \ldots, n)$ der Unbekannten aufgelöst sind. Dabei wird der erwähnte Hilfssatz die Hauptrolle spielen; da nun ein ausgeführter und insbesondere von der sonstigen Theorie der linearen Gleichungssysteme mit unendlichviel

[1]) O. Perron, Über diejenigen Integrale linearer Differentialgleichungen, welche sich an einer Unbestimmtheitsstelle bestimmt verhalten. Mathem. Annalen **70** (1911), S. 22.

[2]) E. Hilb, Über diejenigen Integrale linearer Differentialgleichungen, welche sich an einer Unbestimmtheitsstelle bestimmt verhalten. Mathem. Annalen **82** (1921), S. 40—41.

Unbekannten unabhängiger Beweis dieses Hilfssatzes nirgends veröffentlicht ist, sei es gestattet in § 1 einen solchen Beweis mitzuteilen.

Liegt nun ein nicht in Normalform befindliches System 1. Ordnung vor, so sieht man leicht, daß es nutzlos wäre das System nach den y_i' aufzulösen und dann den Satz des § 3 anzuwenden (abgesehen von dem Fall, wo die Determinante aus den Koeffizienten der y_i' keine Nullstelle hat, wo also gar keine Unbestimmtheitsstelle vorliegt). Hier führt jedoch eine Transformation des Systems zum Ziel, welche analog ist zu denjenigen bekannten Umformungen, welchen man eine Polynommatrix unterwirft, um die Elementarteiler zu Tage treten zu lassen. Wir werden daher in § 2, kurz gesagt, die Elementarteilertheorie der Polynommatrizen auf Matrizen von regulären Funktionen übertragen und dadurch in § 4 instandgesetzt sein über nicht in Normalform befindliche Systeme 1. und höherer Ordnung analoge Sätze aufzustellen.

§ 1.

Hilfssatz 1: Die Koeffizienten des Systems von unendlichviel linearen Gleichungen für die unendlichviel Unbekannten $\xi_0, \xi_1, \xi_2, \ldots$

$$(1) \qquad \xi_\lambda + \sum_{\mu=0}^{\infty} c_{\lambda\mu}\,\xi_\mu = c_\lambda \qquad (\lambda = 0, 1, 2, \ldots)$$

sollen die Voraussetzungen erfüllen:

$$(2) \qquad \sum_{\lambda=0}^{\infty} \sum_{\mu=0}^{\infty} |c_{\lambda\mu}|^2 = \vartheta < 1$$

$$(3) \qquad \sum_{\lambda=0}^{\infty} |c_\lambda|^2 = \gamma,$$

wo $\vartheta < 1$ und γ irgendwelche Zahlen $\geqq 0$ sind.

Dann gibt es genau ein Lösungssystem von (1), für welches $\sum_{\lambda=0}^{\infty} |\xi_\lambda|^2$ konvergiert.

Beweis:

1. Wir setzen für jedes $\lambda \geqq 0$ und jedes $\nu \geqq 0$

$$\xi_{\lambda 0} = 0$$

$$\xi_{\lambda, \nu+1} = c_\lambda - \sum_\mu c_{\lambda\mu}\,\xi_{\mu\nu} \text{ [1]}$$

[1] Alle Summationsindizes in diesem Beweis laufen von 0 bis ∞.

und zeigen durch Induktion, daß sowohl jede Reihe $\sum_\mu c_{\lambda\mu}\,\xi_{\mu\nu}$ als auch jede Reihe $\sum_\lambda |\xi_{\lambda\nu}|^2$ konvergiert. Ersteres ist für $\nu = 0$, letzteres für $\nu = 0$ und 1 klar. Für $\nu \geqq 1$ folgt aus der Konvergenz von $\sum_\mu |c_{\lambda\mu}|^2$ und $\sum_\mu |\xi_{\mu\nu}|^2$ nach der Cauchyschen Ungleichung[1]) die Konvergenz von $\sum_\mu |c_{\lambda\mu}|\cdot|\xi_{\mu\nu}|$. Ferner konvergiert

$$(4)\qquad \sum_\mu |\xi_{\mu\nu} - \xi_{\mu,\nu-1}|^2;$$

denn $\sum_\mu |\xi_{\mu\nu}|^2$ und $\sum_\mu |\xi_{\mu,\nu-1}|^2$ konvergieren nach Induktionsannahme und daher nach der Cauchyschen Ungleichung auch $\sum_\mu 2|\xi_{\mu\nu}|\,|\xi_{\mu,\nu-1}|$. Es folgt

$$|\xi_{\lambda,\nu+1} - \xi_{\lambda\nu}|^2 \leqq (\sum_\mu |c_{\lambda\mu}|\,|\xi_{\mu\nu} - \xi_{\mu,\nu-1}|)^2$$

$$(5)\qquad \leqq \sum_\mu |c_{\lambda\mu}|^2 \cdot \sum_\mu |\xi_{\mu\nu} - \xi_{\mu,\nu-1}|^2 \qquad \text{(für jedes } \lambda)$$

$$(6)\qquad \sum_\lambda |\xi_{\lambda,\nu+1} - \xi_{\lambda\nu}|^2 \leqq \vartheta \sum_\mu |\xi_{\mu\nu} - \xi_{\mu,\nu-1}|^2,$$

woraus wegen

$$(7)\qquad |\xi_{\lambda,\nu+1}|^2 \leqq |\xi_{\lambda,\nu+1} - \xi_{\lambda\nu}|^2 + 2|\xi_{\lambda,\nu+1} - \xi_{\lambda\nu}|\cdot|\xi_{\lambda\nu}| + |\xi_{\lambda\nu}|^2$$

leicht die Konvergenz von $\sum_\lambda |\xi_{\lambda,\nu+1}|^2$ folgt.

2. Aus (6) folgt durch wiederholte Anwendung dieser Ungleichung

$$(8)\qquad \sum_\lambda |\xi_{\lambda,\nu+1} - \xi_{\lambda\nu}|^2 \leqq \vartheta^\nu \sum_\mu |\xi_{\mu 1} - \xi_{\mu 0}|^2 = \gamma\vartheta^\nu$$

und a fortiori

$$|\xi_{\lambda,\nu+1} - \xi_{\lambda\nu}| \leqq \sqrt{\gamma}\cdot\sqrt{\vartheta}^{\,\nu};$$

es ist also $\xi_{\lambda,\nu+1} - \xi_{\lambda\nu}$ das allgemeine Glied einer konvergenten Reihe, woraus folgt, daß $\lim_{\nu\to\infty} \xi_{\lambda\nu} = \xi_\lambda$ existiert.

3. Aus (5) und (8) folgt

$$|\xi_{\lambda,\nu+1} - \xi_{\lambda\nu}|^2 \leqq \sum_\mu |c_{\lambda\mu}|^2 \cdot \gamma\vartheta^{\nu-1}$$

$$|\xi_\lambda - \xi_{\lambda\nu}| = |(\xi_{\lambda,\nu+1} - \xi_{\lambda\nu}) + (\xi_{\lambda,\nu+2} - \xi_{\lambda,\nu+1}) + \dots|$$

$$\leqq \sqrt{\gamma}\cdot\sqrt{\sum_\mu |c_{\lambda\mu}|^2}\,\sqrt{\vartheta}^{\,\nu-1}\,\frac{1}{1-\sqrt{\vartheta}},$$

---

1) $(\sum_\mu a_\mu b_\mu)^2 \leqq \sum_\mu a_\mu^2 \cdot \sum_\mu b_\mu^2$, wo $a_\mu \geqq 0$, $b_\mu \geqq 0$, falls die rechtsstehenden Reihen konvergieren.

woraus wegen (3) die Konvergenz von $\sum_\lambda |\xi_\lambda - \xi_{\lambda\nu}|^2$ folgt; hieraus ergibt sich (wie bei (7)) die Konvergenz von $\sum_\lambda |\xi_\lambda|^2$.

4. Die so gewonnenen Zahlen ξ_λ bilden nun in der Tat eine Lösung von (1); denn schreiben wir

$$\sum_\mu c_{\lambda\mu}\xi_\mu = \sum_\mu c_{\lambda\mu}(\xi_\mu - \xi_{\mu\nu}) + c_\lambda - \xi_{\lambda,\nu+1},$$

wo die hier auftretenden Reihen wegen der Konvergenz von $\sum_\mu |c_{\lambda\mu}|^2$, $\sum_\mu |\xi_\mu|^2$ und $\sum_\mu |\xi_\mu - \xi_{\mu\nu}|^2$ konvergieren, so folgt aus der Abschätzung

$$|\sum_\mu c_{\lambda\mu}(\xi_\mu - \xi_{\mu\nu})|^2 \leqq \sum_\mu |c_{\lambda\mu}|^2 \cdot \sum_\mu |\xi_\mu - \xi_{\mu\nu}|^2 \leqq \gamma\vartheta^2 \left(\frac{\sqrt{\vartheta}^{\nu-1}}{1-\sqrt{\vartheta}}\right)^2$$

mittels des Grenzüberganges $\nu \to \infty$

$$\sum_\mu c_{\lambda\mu}\xi_\mu = c_\lambda - \xi_\lambda.$$

5. Angenommen schließlich ξ_λ und η_λ seien zwei Lösungen von (1) mit absolut konvergenter Summe der Quadrate, so konvergiert auch $\sum_\mu |\xi_\mu - \eta_\mu|^2$ (wie bei (4) zu ersehen) und es folgt

$$\sum_\lambda |\xi_\lambda - \eta_\lambda|^2 = \sum_\lambda |\sum_\mu c_{\lambda\mu}(\xi_\mu - \eta_\mu)|^2 \leqq \sum_\lambda\sum_\mu |c_{\lambda\mu}|^2 \cdot \sum_\mu |\xi_\mu - \eta_\mu|^2$$

$$\sum_\lambda |\xi_\lambda - \eta_\lambda|^2 \leqq \vartheta \sum_\mu |\xi_\mu - \eta_\mu|^2; \text{ also}$$

$$\sum_\lambda |\xi_\lambda - \eta_\lambda|^2 = 0$$

$$\xi_\lambda = \eta_\lambda.$$

Zusatz zum 1. Hilfssatz: Ersetzt man in (1) die c_λ durch andere Zahlen c'_λ, für welche $\sum_\lambda |c'_\lambda|^2$ konvergiert, so gibt es auch genau ein Lösungssystem ξ'_λ, für welches $\sum_\lambda |\xi'_\lambda|^2$ konvergiert. Dann konvergiert auch, wie man ähnlich wie bei (4) erkennt, $\sum_\lambda |a c_\lambda + b c'_\lambda|^2$ und $\sum_\lambda |a\xi_\lambda + b\xi'_\lambda|^2$, wo a und b Konstante sind, und es folgt:

$\xi''_\lambda = a\xi_\lambda + b\xi'_\lambda$ ist dasjenige einzige Lösungssystem von

$$\xi_\lambda + \sum_\mu c_{\lambda\mu}\xi_\mu = a c_\lambda + b c'_\lambda,$$

für welches $\sum_\lambda |\xi''_\lambda|^2$ konvergiert.

Analoges gilt für beliebig, aber endlich viele Summanden auf der rechten Seite des zusammengesetzten Systems.

§ 2.

Vorgelegt sei die Matrix

$$(A_{ik}) = \begin{pmatrix} A_{11} & \dots & A_{1n} \\ \cdot & \cdots & \cdot \\ A_{n1} & \dots & A_{nn} \end{pmatrix},$$

wo die A_{ik} $(i, k = 1, \dots, n)$ gegebene Funktionen der komplexen Veränderlichen x bezeichnen, welche für $|x - x_0| \leqq q$ $(q > 0)$ sämtlich regulär sind. Der Rang der Matrix sei r[1]; $r > 0$.

Auf diese Matrix wenden wir Umformungen folgender Art an:

1. Addition der mit ein und derselben in $|x - x_0| \leqq q$ regulären Funktion $f(x)$ multiplizierten Elemente einer Zeile zu den entsprechenden Elementen einer anderen Zeile.

2. Die analoge Operation für zwei Kolonnen.

Wir bezeichnen diese Operationen kurz als „Zeilenaddition" und „Kolonnenaddition".

Dann besteht folgender Satz:

Hilfssatz 2: Die Matrix (A_{ik}) läßt sich durch eine endliche Anzahl von Zeilen- und Kolonnenadditionen in folgende Normalform überführen:

$$\begin{pmatrix} A_1 B_1 & 0 & 0 & \dots & \dots & \dots & \dots & 0 \\ 0 & A_1 A_2 B_2 & 0 & \dots & \dots & \dots & \dots & 0 \\ \dots & \dots & \dots & \dots & \dots & \dots & \dots & \dots \\ 0 & \dots & \dots & 0 & A_1 A_2 \dots A_r B_r & 0 & \dots & 0 \\ 0 & \dots & \dots & \dots & \dots & \dots & \dots & 0 \\ \dots & \dots & \dots & \dots & \dots & \dots & \dots & \dots \\ 0 & \dots & \dots & \dots & \dots & \dots & \dots & 0 \end{pmatrix},$$

wo $A_1, \dots, A_r$ nichtverschwindende Polynome sind, welche keine Nullstelle außerhalb des Gebietes $|x - x_0| \leqq q$ haben und deren jedes bei der höchsten Potenz von x den Koeffizienten 1 hat, und $B_1, \dots, B_r$ in $|x - x_0| \leqq q$ reguläre und daselbst nirgends verschwindende Funktionen sind.

Dieser Satz ist wohlbekannt für den Fall, daß sowohl die A_{ik} als auch die oben genannten Multiplikatoren f Polynome sind;

---

[1]) Der Begriff des Ranges bezieht sich hier natürlich auf identisches Verschwinden bzw. Nichtverschwinden der Determinanten.

$B_1, \ldots, B_r$ reduzieren sich dann auf von Null verschiedene Konstante. Der Beweis des Spezialfalles[1]) läßt sich auf unseren Satz ohne weiteres übertragen.

Beweis:

Jede in $|x - x_0| < q$ reguläre Funktion F besitzt die eindeutige Zerlegung

$$F = \pi \cdot \beta,$$

wo π ein Polynom bezeichnet, welches keine Nullstelle außerhalb des Gebietes $|x - x_0| \leq q$ und bei der höchsten Potenz von x den Koeffizienten 1 hat, und β eine in $|x - x_0| \leq q$ reguläre und daselbst nirgends verschwindende Funktion ist. Im Fall $F = 0$ setzen wir $\pi = 0$, $\beta = 1$. Im folgenden Beweis werden die Buchstaben π und β stets in dieser Bedeutung gebraucht; zu welcher Funktion sie gehören, ist aus den Indizes zu ersehen.

π heißt Teiler von F_1, wenn π Teiler von π_1 ist. Ohne weiteres folgen die Begriffe des größten gemeinsamen Teilers und der Teilerfremdheit.

Wir setzen nun $A_{ik} = \pi_{ik} \beta_{ik}$. Wegen $r > 0$ sind nicht alle $\pi_{ik} = 0$; es gibt also unter den $\pi_{ik} \neq 0$ eines oder mehrere von kleinstem Grade. Es sei etwa $\pi_{11} \neq 0$ und vom Minimalgrad[2]).

Ist $A_{21} \neq 0$, so liefert die Division von π_{21} durch π_{11} die Beziehung

$$\pi_{21} = g \pi_{11} + h,$$

wo h von geringerem Grade als π_{11} oder $= 0$ ist; sodann führen wir mit der Funktion $f = g \frac{\beta_{21}}{\beta_{11}}$ die Zeilenaddition

$$A_{2k}^* = A_{2k} - f A_{1k}$$

aus, welche bewirkt:

$$A_{21}^* = (\pi_{21} - g \pi_{11}) \beta_{21} = h \beta_{21} = \pi_{21}^* \beta_{21}^*,$$

wo erst recht π_{21}^* von geringerem Grade als π_{11} oder $= 0$ ist. Offenbar kann man durch Wiederholung dieses Verfahrens er-

---

[1]) Vgl. etwa C. Jordan, Cours d'analyse, Bd. III, Paris 1915, S. 176—179.

[2]) Dies kann man durch Zeilen- und Kolonnenadditionen erreichen; denn wie aus dem Schema

$$(a, b), (a, -a + b), (a + (-a + b), -a + b) = (b, -a + b), (b, -a)$$

ersichtlich ist, kann man eine beliebige Kolonne an die Stelle einer andern Kolonne bringen; analog für Zeilen.

reichen, daß in der ersten Kolonne nur noch ein Element $\neq 0$ ist, und sodann — was hier bequemer ist — durch einfache Additionen, daß in der ersten Kolonne lauter gleiche Elemente $A_1 = \pi_1 \beta_1 \neq 0$ stehen. Für die übrigen Elemente verwenden wir nun wieder die ursprüngliche Bezeichnung A_{ik}.

Ist nun π_1 nicht Teiler aller übrigen π_{ik}, etwa nicht von π_{j2}[1]), so liefert die Division von π_{j2} durch π_1 die Beziehung

$$\pi_{j2} = g_1 \pi_1 + h_1,$$

wo h_1 von geringerem Grade als π_1 und $\neq 0$ ist; sodann führen wir mit der Funktion $f = g_1 \frac{\beta_{j2}}{\beta_1}$ die Kolonnenaddition

$$A^*_{i2} = A_{i2} - f A_i$$

aus, welche bewirkt:

$$A^*_{j2} = (\pi_{j2} - g_1 \pi_1) \beta_{j2} = h_1 \beta_{j2} = \pi^*_{j2} \beta^*_{j2},$$

wo erst recht π^*_{j2} von geringerem Grade als π_1 und $\neq 0$ ist. Damit ist der ursprüngliche Minimalgrad sämtlicher π_{ik} verringert; wir beginnen mit diesem A^*_{j2} das ganze bisherige Verfahren von neuem.

Es muß also (in der Bezeichnung des ersten Schrittes) nach endlich vielen solchen Schritten der Fall eintreten, daß π_1 ein Teiler aller übrigen π_{ik} ist.

Dann läßt sich aber durch einfache Subtraktionen sofort eine Matrix folgender Form herstellen:

$$\begin{pmatrix} \pi_1 \beta_1 & 0 & \cdots & 0 \\ 0 & \pi_1 A^*_{22} & \cdots & \pi_1 A^*_{2n} \\ \cdot & \cdot & \cdot & \cdot \\ 0 & \pi_1 A^*_{n2} & \cdots & \pi_1 A^*_{nn} \end{pmatrix}.$$

Es ist klar, daß man auf die Matrix $(\pi_1 A^*_{ik})$ $(i, k = 2, \ldots, n)$, sofern sie nicht schon vom Rang 0 ist, dasselbe Verfahren anwenden kann, ohne daß dadurch die erste Zeile und die erste Kolonne der vorigen Matrix geändert werden und ohne daß die Teilbarkeit der Elemente durch π_1 verloren geht, und daß schließlich durch wiederholte Anwendung des Verfahrens die Form der Behauptung herbeigeführt wird.

---

[1]) Siehe vorige Seite Fußnote [2]).

Da der Rang der Matrix weder bei Zeilen- noch bei Kolonnenadditionen sich ändert, ist der Index r in der Endform der Matrix der Rang von (A_{ik}).

Anmerkung: Es bezeichne δ_ν $(\nu = 1, \ldots, r)$ den größten gemeinsamen Teiler aller ν-reihigen Determinanten von (A_{ik}); die Polynome δ_ν sind invariant gegenüber den hier angewandten Operationen; aus der Endform der Matrix ist somit ersichtlich, daß

$$\delta_\nu = \Lambda_1^\nu \Lambda_2^{\nu-1} \ldots \Lambda_\nu$$

ist. Die Polynome

$$\Lambda_1 = \delta_1, \quad \Lambda_2 = \frac{\delta_2}{\delta_1^2}, \quad \Lambda_3 = \frac{\delta_3 \delta_1}{\delta_2^2}, \quad \ldots, \quad \Lambda_r = \frac{\delta_r \delta_{r-2}}{\delta_{r-1}^2}$$

sind also durch die Matrix (A_{ik}) eindeutig bestimmt.

Definition: Unter einer „*Transformationsmatrix*" wollen wir eine (quadratische) Matrix von in $|x - x_0| \leq q$ regulären Funktionen verstehen, deren Determinante in $|x - x_0| \leq q$ keine Nullstelle hat.

Dann ist offenbar die reziproke Matrix wiederum eine Transformationsmatrix.

Hilfssatz 3: Unter den Voraussetzungen und mit den Bezeichnungen des Hilfssatzes 2 gilt: Es lassen sich zwei Transformationsmatrizen (Γ_{ik}) und (Δ_{ik}) $(i, k = 1, \ldots, n)$ derart finden, daß

$$(\Gamma_{ik})\,(A_{ik})\,(\Delta_{ik}) = \begin{pmatrix} \Lambda_1 & 0 & \ldots & 0 \\ 0 & \Lambda_1 \Lambda_2 & \ldots & 0 \\ \ldots & \ldots & \ldots & \ldots \end{pmatrix}.$$

Beweis:

Eine in der Matrix (A_{ik}) vorzunehmende Zeilenaddition $A_{ik} + f A_{jk}$ kann durch folgende Multiplikation mit einer Transformationsmatrix erreicht werden:

$$\begin{pmatrix} 1 \cdot & & & & \\ & \cdot 1 & \ldots & f & \ldots \\ & & \cdot & & \\ & & & \cdot & \\ & & & & \cdot 1 \end{pmatrix} (A_{ik}) = \begin{pmatrix} A_{11} & \ldots & A_{1n} \\ \ldots & \ldots & \ldots \\ A_{i1} + f A_{j1} & \ldots & A_{in} + f A_{jn} \\ \ldots & \ldots & \ldots \\ A_{n1} & \ldots & A_{nn} \end{pmatrix},$$

wo im ersten Faktor der linken Seite f in der i-ten Zeile und j-ten Kolonne steht und alle leeren Plätze außerhalb der Hauptdiagonale durch Nullen auszufüllen sind.

Ebenso leistet die Formel

$$(A_{ik})\begin{pmatrix} 1 & & & & \\ & \ddots & & & \\ & & 1 & & \\ & & \vdots & \ddots & \\ & & f & & \ddots \\ & & \vdots & & & 1 \end{pmatrix} = \begin{pmatrix} A_{11} \dots A_{1i} + f A_{1j} \dots A_{1n} \\ \dots\dots\dots\dots\dots\dots \\ A_{n1} \dots A_{ni} + f A_{nj} \dots A_{nn} \end{pmatrix}$$

eine in der Matrix (A_{ik}) vorzunehmende Kolonnenaddition.

Die mit der Matrix (A_{ik}) gemäß Hilfssatz 2 vorzunehmenden Operationen lassen sich also auch so darstellen, daß (A_{ik}) mit einer gewissen Anzahl von Matrizen multipliziert wird, und zwar in der Art, daß dem jeweils vorhandenen Produkt ein neuer Faktor vorangesetzt oder nachgesetzt wird, je nachdem es sich um eine Zeilen- oder Kolonnenaddition handelt. Die Elemente dieser Faktoren sind in $|x - x_0| \leqq q$ reguläre Funktionen; die Determinante jedes Faktors ist $= 1$. Multiplizieren wir die vor (A_{ik}) befindlichen Matrizen aus, ebenso die hinter (A_{ik}) befindlichen, so ergibt sich eine Darstellung der Form

$$(U_{ik})\,(A_{ik})\,(\Delta_{ik}) = \begin{pmatrix} A_1 B_1 \dots \\ \dots\dots \end{pmatrix},$$

wo rechts die Matrix des Hilfssatzes 2 steht. Letztere zerlegen wir etwa in

$$\begin{pmatrix} B_1 & 0 & & \\ 0 & B_2 & & \\ & & \ddots & \\ & & & 1 \end{pmatrix} \cdot \begin{pmatrix} A_1 & 0 & & \\ 0 & A_1 A_2 & & \\ & & \ddots & \\ & & & 0 \end{pmatrix},$$

wo im ersten Faktor die letzten $n - r$ (willkürlich bleibenden) Elemente der Hauptdiagonale $= 1$ gesetzt sind. Setzen wir noch

$$\begin{pmatrix} B_1 & 0 & & \\ 0 & B_2 & & \\ & & \ddots & \\ & & & 1 \end{pmatrix}^{-1} \cdot (U_{ik}) = (\Gamma_{ik}),$$

so haben wir die Behauptung; und zwar mit

$$|\Gamma_{ik}| = \frac{1}{B_1 \dots B_r}; \quad |\Delta_{ik}| = 1.$$

§ 3.

Satz 1: Die Funktionen $B_{ik}(x)$ $(i, k = 1, \ldots, n)$ seien im Punkte x_0 regulär; $s_1, s_2, \ldots, s_n$ seien ganze Zahlen $\geqq 0$ und $\sum_{i=1}^{n} s_i < n$.

Dann hat das System linearer Differentialgleichungen

$$(\mathrm{I}) \qquad (x - x_0)^{s_i} y_i' = \sum_{k=1}^{n} B_{ik} y_k \qquad (i = 1, \ldots, n)$$

mindestens $n - \sum_{i=1}^{n} s_i$ linear unabhängige und in x_0 reguläre Lösungen.

Beweis:

Setzen wir

$$B_{ik}(x) = \sum_{\nu=0}^{\infty} b_{ik\nu} (x - x_0)^\nu \qquad (i, k = 1, \ldots, n),$$

so gibt es ein $q > 0$ derart, daß alle B_{ik} in $|x - x_0| \leqq q$ regulär sind, und daher ein $M > 0$ derart, daß

$$(9) \qquad |b_{ik\nu}| \leqq \frac{M}{q^\nu} \qquad (i, k = 1, \ldots, n;\ \nu \geqq 0).$$

Gehen wir mit dem Ansatz

$$y_i = \sum_{\nu=0}^{\infty} D_{i\nu} (x - x_0)^\nu \qquad (i = 1, \ldots, n)$$

in das System (I), so ergibt sich durch Koeffizientenvergleichung folgendes Gleichungssystem für die Unbekannten $D_{i\nu}$:

$$(10) \quad (\nu - s_i + 1) D_{i, \nu - s_i + 1} = \sum_{k=1}^{n} \sum_{\lambda=0}^{\nu} b_{ik, \nu - \lambda} D_{k\lambda} \quad (i = 1, \ldots, n;\ \nu \geqq 0),$$

wobei $D_{i\nu} = 0$ für $\nu < 0$ zu setzen ist.

Wir betrachten zunächst von dem System (10) für jedes i nur die Gleichungen mit $\nu \geqq N + s_i$, wo N ein Index ist, über welchen noch verfügt wird; wir bezeichnen die weggelassenen Gleichungen mit (10 a), das verbleibende Gleichungssystem mit (10 b). In letzterem setzen wir, um die Form von (1) in § 1 zu erhalten, zur Abkürzung

$$\beta_{ik\nu\lambda} = \frac{b_{ik, \nu - \lambda}}{\nu - s_i + 1}, \quad c_{ik\nu\lambda} = -\beta_{ik\nu\lambda} (\vartheta q)^{\nu - s_i + 1 - \lambda}, \quad D_{i\nu} = \frac{\xi_{i\nu}}{(\vartheta q)^\nu},$$

wobei ϑ eine beliebig, aber fest gewählte Zahl mit $0 < \vartheta < 1$ sei.

Dann nimmt (10 b) folgende Form an:

$$\xi_{i,\nu-s_i+1}+\sum_{k=1}^{n}\sum_{\lambda=0}^{\nu}c_{ik\nu\lambda}\,\xi_{k\lambda}=0 \qquad (i=1,\ldots,n;\ \nu>N+s_i)$$

oder ($\mu+s_i=\nu$):

$$(10\,\mathrm{b})\quad \xi_{i,\mu+1}+\sum_{k=1}^{n}\sum_{\lambda=0}^{\mu+s_i}c_{ik,\mu+s_i,\lambda}\,\xi_{k\lambda}=0 \quad (i=1,\ldots,n;\ \mu\geqq N).$$

Aufgrund von (9) und für ein hinreichend groß gewähltes N gilt:

$$|\beta_{ik\nu\lambda}|\leqq\frac{M}{q^{\nu-\lambda}}\cdot\frac{1}{\nu+1}\cdot\frac{\nu+1}{\nu-s_i+1}<\frac{2M}{(\nu+1)\,q^{\nu-\lambda}}$$

$$|c_{ik\nu\lambda}|<\frac{2M}{(\nu+1)\,q^{\nu-\lambda}}(\vartheta q)^{\nu-s_i+1-\lambda}\leqq\frac{M_1}{\nu+1}\,\vartheta^{\nu-\lambda},$$

wo $M_1>0$ eine geeignet gewählte Konstante ist.

Wir schreiben (10 b) in der Form

$$(10\,\mathrm{c})\quad \xi_{i,\mu+1}+\sum_{k=1}^{n}\sum_{\lambda=N+1}^{\mu+s_i}c_{ik,\mu+s_i,\lambda}\,\xi_{k\lambda}=-\sum_{k=1}^{n}\sum_{\lambda=0}^{N}c_{ik,\mu+s_i,\lambda}\,\xi_{k\lambda}$$
$$(i=1,\ldots,n;\ \mu\geqq N),$$

wobei $\sum\limits_{N+1}^{N}=0$ zu setzen ist. Bezüglich der linken Seiten gilt die Abschätzung ($\mu+s_i=\nu$):

$$\sum_{\lambda=N+1}^{\mu+s_i}|c_{ik,\mu+s_i,\lambda}|^2=\sum_{\lambda=N+1}^{\nu}|c_{ik\nu\lambda}|^2<\frac{M_1^2}{(\nu+1)^2}(\vartheta^0+\vartheta^2+\vartheta^4+\ldots)$$
$$=\frac{M_2}{(\nu+1)^2}\leqq\frac{M_2}{(\mu+1)^2}$$

$$\sum_{\mu=N}^{\infty}\sum_{i=1}^{n}\sum_{k=1}^{n}\sum_{\lambda=N+1}^{\mu+s_i}|c_{ik,\mu+s_i,\lambda}|^2<n^2M_2\left(\frac{1}{(N+1)^2}+\frac{1}{(N+2)^2}+\ldots\right)$$
$$<1$$

für hinreichend groß gewähltes N.

Wir betrachten nun diejenigen $n(N+1)$ Gleichungssysteme, welche aus (10 c) dadurch hervorgehen, daß die rechte Seite lediglich durch

$$-\,c_{ik,\mu+s_i,\lambda}$$

ersetzt wird. Für jedes dieser Gleichungssysteme sind offenbar die Voraussetzungen des Hilfssatzes 1 erfüllt; jedes hat daher eine und nur eine Lösung, für welche $\sum_{\mu=N+1}^{\infty} \sum_{i=1} |\xi_{i\mu}|^2$ konvergiert. Diese Lösungen seien:

$$\xi_{i\mu}^{(k,\lambda)} \quad (i = 1, \ldots, n;\ \mu \geq N+1).$$

Dann ist nach dem Zusatz zum Hilfssatz 1

$$(11) \quad \xi_{i\mu} = \sum_{k=1}^{n} \sum_{\lambda=0}^{N} \xi_{k\lambda}\, \xi_{i\mu}^{(k,\lambda)} \quad (i = 1, \ldots, n;\ \mu \geq N+1)$$

diejenige einzige Lösung von (10b), welche nach willkürlicher Annahme der Zahlen $\xi_{k\lambda}$ ($k = 1, \ldots, n$; $\lambda = 0, \ldots, N$) die Eigenschaft der Konvergenz der eben genannten Quadratsumme hat.

Diese Eigenschaft einer Lösung von (10b) ist nun für unseren Zweck gerade notwendig und hinreichend. Denn ist $\sum_{\nu=0}^{\infty} D_{i\nu}(x-x_0)^\nu$ eine in x_0 reguläre Lösung von (I), so folgt aus bekannten Eigenschaften der regulären Integralsysteme, daß diese Lösung auch in $|x - x_0| \leq q$ regulär ist. Es gibt also ein $M_3 > 0$ derart, daß

$$|D_{i\nu}| \leq \frac{M_3}{q^\nu} \quad \text{oder} \quad |\xi_{i\nu}| \leq M_3\, \vartheta^\nu$$

ist, woraus die genannte Konvergenzeigenschaft der $\xi_{i\nu}$ folgt. Umgekehrt liefert uns eine Lösung von (10), für welche

$$\sum_{\nu=0}^{\infty} |D_{i\nu}|^2 (\vartheta q)^{2\nu}$$

konvergiert, eine in x_0 reguläre Potenzreihe $\sum_{\nu=0}^{\infty} D_{i\nu}(x-x_0)^\nu$; denn da für hinreichend große ν

$$|D_{i\nu}|\,(\vartheta q)^\nu < 1$$

ist, konvergiert $\sum_{\nu=0}^{\infty} D_{i\nu}(x-x_0)^\nu$ absolut für $|x - x_0| < \vartheta_1 q$, wo wo $0 < \vartheta_1 < \vartheta$.

Das Gleichungssystem (11) ist also für unseren Zweck äquivalent mit (10b) und wir haben daher nur noch die willkürlichen Konstanten $\xi_{k\lambda}$ in (11) so zu wählen, daß auch die Gleichungen (10a) erfüllt sind.

Es sei $S = \operatorname{Max} s_i$ und $S > 0$[1]); es sei $s_j = S$. Dann ent-

[1]) Im Fall $S = 0$ sind alle $s_i = 0$; (10a) enthält dann genau die Unbekannten $D_{i0}, \ldots, D_{iN}$, welche keinen weiteren Bedingungen genügen

hält die Gleichung von (10a) mit $i = j$ und $\nu = N + s_j - 1$ genau die Unbekannten

$$D_{i0},\ D_{i1},\ \ldots,\ D_{i,N+S-1};$$

denn das auf der linken Seite dieser Gleichung stehende $D_{j,N}$ ist wegen $S \geqq 1$ schon mit angeschrieben. Man sieht leicht, daß in keiner Gleichung von (10a) weitere Unbekannte vorkommen. Wir spalten nun von (11) die Gleichungen mit $\mu \leqq N + S - 1$ ab und nehmen sie zu (10a) hinzu (im Fall $S = 1$ bleibt dieser Schritt weg); dann haben wir für die $n(N + s)$ Unbekannten $D_{i0}, D_{i1}, \ldots, D_{i,N+s-1}$ genau $\sum_{i=1}^{n}(N + s_i) + n(S - 1)$ homogene lineare Gleichungen, während durch die übrigen Gleichungen von (11) sofort die $D_{i,N+s}, D_{i,N+s+1}, \ldots$ eindeutig geliefert werden.

Die Anzahl der linear unabhängigen Lösungen des homogenen Gleichungssystems ist also mindestens gleich

$$n(N + S) - \sum_{i=1}^{n}(N + s_i) - n(S - 1) = n - \sum_{i=1}^{n} s_i.$$

Diesen Lösungen entsprechen aber linear unabhängige Integralsysteme.

§ 4.

Satz 2: Die Koeffizienten $A_{ik}(x)$ und $B_{ik}(x)$ des Systems linearer Differentialgleichungen

$$\text{(II)} \qquad \sum_{k=1}^{n} A_{ik}\, y_k' = \sum_{k=1}^{n} B_{ik}\, y_k \qquad (i = 1, \ldots, n)$$

seien im Punkt x_0 regulär; die Determinante $|A_{ik}(x)|$ sei nicht identisch Null und habe den Punkt x_0 genau als s-fache Nullstelle; ferner sei $s < n$.

Dann hat das System (II) mindestens $n - s$ linear unabhängige und im Punkt x_0 reguläre Lösungen.

---

müssen, da durch (11) sofort die $D_{i,N+1}, D_{i,N+2}, \ldots$ eindeutig geliefert werden. Man hat also nN homogene lineare Gleichungen für $n(N+1)$ Unbekannte; der Rang des Systems ist, wie man leicht erkennt, gleich nN; man erhält also genau n linear unabhängige Lösungen und somit das gewöhnliche Existenztheorem für eine reguläre Stelle von (I).

Beweis:

Es sei $q > 0$ so klein gewählt, daß alle A_{ik} und B_{ik} in $|x - x_0| \leq q$ regulär sind und $|A_{ik}|$ daselbst außer $x = x_0$ keine weitere Nullstelle hat. Es sei (Γ_{ik}) irgend eine Transformationsmatrix bezüglich dieses Gebietes (s. § 2).

Multiplizieren wir die j-te Gleichung von (II) mit Γ_{ij} und summieren über j, so erhalten wir:

$$(12) \quad \sum_{k=1}^{n} \sum_{j=1}^{n} \Gamma_{ij} A_{jk} y_k' = \sum_{k=1}^{n} \sum_{j=1}^{n} \Gamma_{ij} B_{jk} y_k \qquad (i = 1, \ldots, n).$$

Bezeichnen wir nun allgemein, wenn (φ_{ik}) eine gegebene Matrix ist, mit dem Ausdruck $(\varphi_{ik})(y)$ die Gesamtheit der n Funktionen

$$\sum_{k=1}^{n} \varphi_{ik} y_k \qquad (i = 1, \ldots, n),$$

die wir uns untereinander geschrieben denken, so läßt sich (II) in der Form

$$(\text{II a}) \qquad (A_{ik})(y') = (B_{ik})(y)$$

und (nach Definition des Matrizenproduktes) das aus (II) folgende System (12) in der Form

$$(12\,\text{a}) \qquad (\Gamma_{ik})(A_{ik})(y') = (\Gamma_{ik})(B_{ik})(y)$$

schreiben. Da $(\Gamma_{ik})^{-1}$ ebenfalls eine Transformationsmatrix ist, folgt aus (12 a):

$$(\Gamma_{ik})^{-1}(\Gamma_{ik})(A_{ik})(y') = (\Gamma_{ik})^{-1}(\Gamma_{ik})(B_{ik})(y);$$

d. i. wieder (II a).

Das System (12 a), welches wegen

$$|(\Gamma_{ik})(A_{ik})| = |\Gamma_{ik}| \cdot |A_{ik}|$$

genau denselben Voraussetzungen wie (II) genügt (denn $|\Gamma_{ik}|$ hat ja keine Nullstelle in $|x - x_0| \leq q$) besitzt also *die nämlichen* in $x = x_0$ regulären Lösungen wie (II).

Nun sei (Δ_{ik}) ebenfalls eine Transformationsmatrix bezüglich des Kreises $|x - x_0| \leq q$. Wir setzen

$$y_i = \sum_{k=1}^{n} \Delta_{ik} z_k \qquad (i = 1, \ldots, n)$$

oder kurz

$$(13) \qquad E(y) = (\Delta_{ik})(z) \qquad (E = \text{Einheitsmatrix}).$$

Wegen

$$(14) \qquad (\Delta_{ik})^{-1}(y) = E(z)$$

sind also mit $y_1, \ldots, y_n$ auch $z_1, \ldots, z_n$ in $x = x_0$ reguläre Funktionen und umgekehrt.

In (II) eingesetzt:

$$\sum_{k=1}^{n} A_{ik} \sum_{j=1}^{n} (\Delta_{kj} z_j' + \Delta_{kj}' z_j) = \sum_{k=1}^{n} B_{ik} \sum_{j=1}^{n} \Delta_{kj} z_j \qquad (i = 1, \ldots, n)$$

oder (j und k vertauscht und umgeordnet):

$$(15) \sum_{k=1}^{n} \sum_{j=1}^{n} A_{ij} \Delta_{jk} z_k' = \sum_{k=1}^{n} \sum_{j=1}^{n} (B_{ij} \Delta_{jk} - A_{ij} \Delta_{jk}') z_k \quad (i = 1, \ldots, n)$$

oder

$$(15\,\text{a}) \qquad (A_{ik})(\Delta_{ik})(z') = ((B_{ik})(\Delta_{ik}) - (A_{ik})(\Delta_{ik}'))(z).$$

Ebenso wie (15a) aus (IIa) folgt aus (15a):

$$(A_{ik})(\Delta_{ik})(\Delta_{ik})^{-1}(y')$$
$$= (((B_{ik})(\Delta_{ik}) - (A_{ik})(\Delta_{ik}'))(\Delta_{ik})^{-1} - (A_{ik})(\Delta_{ik})(\bar{\Delta}_{ik}'))(y),$$

wo gesetzt ist: $\qquad (\Delta_{ik})^{-1} = (\bar{\Delta}_{ik}).$

Dies ist aber wieder (IIa), wie man durch Differentiation der in

$$(\Delta_{ik})(\bar{\Delta}_{ik}) = E$$

zusammengefaßten Beziehungen sofort erkennt.

Das System (15a) für die z_i, welches wiederum genau denselben Voraussetzungen wie (II) genügt, ist also dem System (II) bezüglich der in $x = x_0$ regulären Lösungen *äquivalent* in dem Sinn, daß jeder solchen Lösung des einen Gleichungssystems eine ebensolche Lösung des anderen Gleichungssystems mittels der Formeln (13) und (14) umkehrbar eindeutig entspricht.

Es ist auch leicht zu sehen, daß bei dieser Transformation die lineare Unabhängigkeit mehrerer Lösungen gewahrt bleibt. Es seien

$$y_i^{[1]}, \ldots, y_i^{[N]} \qquad (i = 1, \ldots, n)$$

N Lösungen von (II) und

$$z_i^{[1]}, \ldots, z_i^{[N]} \qquad (i = 1, \ldots, n)$$

die entsprechenden Lösungen von (15a). Aus Symmetriegründen genügt es zu zeigen, daß aus Beziehungen der Form

$$\sum_{\nu=1}^{N} c_\nu y_i^{[\nu]} = 0 \qquad (i = 1, \ldots, n)$$

entsprechende Beziehungen für die $z_i^{[\nu]}$ folgen. Man erhält nach (13):

$$\sum_{k=1}^{n} \Delta_{ik} \sum_{\nu=1}^{N} c_\nu z_k^{[\nu]} = 0 \qquad (i = 1, \ldots, n),$$

woraus wegen $|\Delta_{ik}| \neq 0$ folgt:

$$\sum_{\nu=1}^{N} c_\nu z_k^{[\nu]} = 0 \qquad (k = 1, \ldots, n).$$

Wir wählen nun die Transformationsmatrizen (Γ_{ik}) und (Δ_{ik}) gemäß dem Hilfssatz 3; die Polynome Λ_i $(i = 1, \ldots, n)$ sind dann wegen

$$|\Gamma_{ik}|\,|A_{ik}|\,|\Delta_{ik}| = \Lambda_1^n \Lambda_2^{n-1} \ldots \Lambda_n$$

von der Form

$$\Lambda_i = (x - x_0)^{t_i} \qquad (t_i \geqq 0 \text{ ganz});$$

und es ist

$$\Lambda_1 \Lambda_2 \ldots \Lambda_i = (x - x_0)^{s_i},$$

wo

$$s_i = t_1 + t_2 + \ldots + t_i$$

$$\sum_{i=1}^{n} s_i = n t_1 + (n-1) t_2 + \ldots + t_n = s.$$

Die beiden Transformationen mit diesen Transformationsmatrizen führen also (II) in folgendes System über:

$$(16) \qquad (x - x_0)^{s_i} z_i' = \sum_{k=1}^{n} B_{ik}^* z_k \qquad (i = 1, \ldots, n),$$

welches nach Satz 1 mindestens $n - s$ linear unabhängige und in $x = x_0$ reguläre Lösungen hat.

Anmerkung zu Satz 2: Ist die Determinante $|A_{ik}|$ identisch Null, so gestattet der Gang des Beweises von Satz 2 folgende Transformation des Systems (II):

Es sei $r\,(0 < r < n)$ der Rang der Matrix (A_{ik}). Wählt man dann $q > 0$ so klein, daß das durch (A_{ik}) nach Anmerkung zu Hilfssatz 2 wohlbestimmte Polynom $\delta_r = \Lambda_1^r \Lambda_2^{r-1} \ldots \Lambda_r$ in $|x - x_0| \leqq q$ außer $x = x_0$ keine Nullstelle hat (und natürlich wieder die A_{ik} und B_{ik} daselbst regulär sind), so bleibt der ganze Beweisgang des Satzes 2 bis zur Aufstellung des Systems (16) wörtlich erhalten, nur daß (nach Hilfssatz 3) die A_i mit $i > r$ durch 0 zu ersetzen sind. Wir erhalten also in diesem Fall ein zu (II) äquivalentes System der Form

$$(x - x_0)^{s_i} z_i' = \sum_{k=1}^{n} B_{ik}^* z_k \qquad (i = 1, \ldots, r)$$

$$0 = \sum_{k=1}^{n} B_{ik}^* z_k \qquad (i = r + 1, \ldots, n)$$

mit $n - r$ endlichen Gleichungen. Dabei ist $\sum_{i=1}^{r} s_i$ die Vielfachheit, in welcher x_0 gemeinsame Nullstelle *aller* r-reihigen Determinanten von (A_{ik}) ist.

Satz 3: Die Koeffizienten $A_{ik}(x)$ und $B_{ik}(x)$ des Systems linearer Differentialgleichungen

$$\text{(III)} \qquad \sum_{k=1}^{n} A_{ik} y_k' = \sum_{k=1}^{n} B_{ik} y_k \qquad (i = 1, \ldots, n)$$

seien in dem einfach zusammenhängenden Bereich $\mathfrak{B}$ regulär; die Determinante $|A_{ik}(x)|$ sei nicht identisch Null und habe in $\mathfrak{B}$ genau s Nullstellen (mehrfache mehrfach gezählt); ferner sei $s < n$.

Dann hat das System (III) mindestens $n - s$ linear unabhängige und im ganzen Bereich $\mathfrak{B}$ reguläre Lösungen.

Beweis.

Es sei a ein Punkt des Bereiches $\mathfrak{B}$, der nicht Nullstelle von $|A_{ik}|$ ist. In a ist das System (III) äquivalent mit dem nach den y_i' aufgelösten System. Es sei

$$\eta_i^{[1]}, \ldots, \eta_i^{[n]} \qquad (i = 1, \ldots, n)$$

ein Fundamentalsystem an der Stelle a; im Punkte a ist also

$$\eta_i = \sum_{\nu=1}^{n} c_\nu \eta_i^{[\nu]} \qquad (i = 1, \ldots, n)$$

die allgemeine Lösung, wenn die c_ν willkürliche Konstante sind.

Nun sei x_0 eine σ-fache Nullstelle von $|A_{ik}|$ in $\mathfrak{B}$. Nach Satz 2 gibt es $n - \sigma$ linear unabhängige und in x_0 reguläre Lösungen

$$\zeta_i^{[1]}, \ldots, \zeta_i^{[n-\sigma]} \qquad (i = 1, \ldots, n).$$

Jede dieser Lösungen können wir von x_0 aus innerhalb des Bereiches $\mathfrak{B}$ nach a fortsetzen; es ist also

$$\zeta_i^{[\varkappa]} = \sum_{\nu=1}^{n} c_{\nu\varkappa}\, \eta_i^{[\nu]} \qquad (i = 1, \ldots n;\ \varkappa = 1, \ldots, n - \sigma).$$

Da die $\zeta_i^{[\varkappa]}$ linear unabhängig sind, hat die Matrix der Zahlen $c_{\nu\varkappa}$ den Rang $n - \sigma$.

Ferner ist

$$\zeta_i = \sum_{\varkappa=1}^{n-\sigma} d_\varkappa\, \zeta_i^{[\varkappa]} = \sum_{\nu=1}^{n} \left(\sum_{\varkappa=1}^{n-\sigma} c_{\nu\varkappa}\, d_\varkappa \right) \eta_i^{[\nu]} \qquad (i = 1, \ldots, n),$$

wo die $d_\varkappa$ willkürliche Konstante sind, eine in x_0 reguläre Lösung.

Wählen wir also in η_i die Konstanten c_ν derartig, daß die Gleichungen

$$\text{(17)} \qquad \sum_{\varkappa=1}^{n-\sigma} c_{\nu\varkappa}\, d_\varkappa = c_\nu \qquad (\nu = 1, \ldots, n)$$

eine Auflösung nach den Unbekannten $d_1, \ldots, d_{n-\sigma}$ besitzen, so sind wir sicher, daß die so spezialisierte Lösung η_i auch in x_0 regulär ist. Da die Matrix der $c_{\nu\varkappa}$ vom Rang $n - \sigma$ ist, lassen sich σ lineare homogene Bedingungsgleichungen zwischen den c_ν angeben, welche notwendig und hinreichend dafür sind, daß die Gleichungen (17) eine Lösung $d_1, \ldots, d_{n-\sigma}$ besitzen.

Führen wir diese Betrachtung für jede Nullstelle von $|A_{ik}|$ in $\mathfrak{B}$ durch, so finden wir $\Sigma\sigma = s$ lineare homogene Bedingungsgleichungen zwischen den c_ν, deren Bestehen die Regularität der so spezialisierten Lösung η_i im ganzen Bereich $\mathfrak{B}$ garantiert. Es bleiben also mindestens $n - s$ der Konstanten $c_1, \ldots, c_n$ willkürlich, woraus die Behauptung folgt.

Satz 4: Die Koeffizienten $A_{ik\mu}(x)$ des Systems linearer Differentialgleichungen p-ter Ordnung

$$\text{(IV)} \qquad \sum_{\mu=0}^{p} \sum_{k=1}^{n} A_{ik\mu}\, y_k^{(\mu)} = 0 \qquad (i = 1, \ldots, n)$$

seien in dem einfach zusammenhängenden Bereich $\mathfrak{B}$ regulär; die Determinante $|A_{ikp}(x)|$ sei nicht identisch Null und habe in $\mathfrak{B}$ genau s Nullstellen (mehrfache mehrfach gezählt); ferner sei $s < np$.

Dann hat das System (IV) mindestens $np-s$ linear unabhängige und im ganzen Bereich $\mathfrak{B}$ reguläre Lösungen.[1])

Beweis:

Der Satz braucht nur noch für $p > 1$ bewiesen zu werden. Wir setzen

$$y_i^{(\mu)} = y_{i\mu} \qquad (i = 1, \ldots, n;\ \mu = 0, \ldots, p-1);$$

dann geht (IV) über in das System von np Differentialgleichungen 1. Ordnung für die np Unbekannten $y_{i\mu}$:

$$(18)\quad \begin{cases} y'_{i\mu} = y_{i,\mu+1} & (i = 1, \ldots, n;\ \mu = 0, \ldots, p-2) \\ \sum\limits_{k=1}^{n} A_{ikp}\, y'_{k,p-1} = -\sum\limits_{\mu=0}^{p-1} \sum\limits_{k=1}^{n} A_{ik\mu}\, y_{k\mu} & (i = 1, \ldots, n). \end{cases}$$

Jede in $\mathfrak{B}$ reguläre Lösung von (IV) liefert eine ebensolche von (18) und umgekehrt. Dabei bleibt auch die lineare Unabhängigkeit mehrerer Lösungen gewahrt; beim Übergang von (IV) zu (18) ist dies klar; hat man umgekehrt N linear unabhängige Lösungen von (18)

$$(19)\qquad y_{i\mu}^{[1]}, \ldots, y_{i\mu}^{[N]} \qquad (i = 1, \ldots, n;\ \mu = 0, \ldots, p-1),$$

so sind auch die

$$y_{i0}^{[1]}, \ldots, y_{i0}^{[N]} \qquad (i = 1, \ldots, n)$$

für sich linear unabhängig; denn aus Relationen der Form

$$\sum_{\nu=1}^{N} \gamma_\nu\, y_{i0}^{[\nu]} = 0 \qquad (i = 1, \ldots, n)$$

mit nicht sämtlich verschwindenden Konstanten $\gamma_1, \ldots, \gamma_N$ würde sich durch sukzessives Differenzieren eine lineare Abhängigkeit der Lösungen (19) ergeben.

Es genügt also nachzuweisen, daß das System (18) mindestens $np-s$ linear unabhängige und in $\mathfrak{B}$ reguläre Lösungen besitzt; dies ist nach Satz 3 in der Tat der Fall, da die Determinante aus den Koeffizienten der Ableitungen in (18) gerade die in Satz 4 genannte Determinante $|A_{ikp}|$ ist.

---

1) Für $n = 1$ ist dies der in der Einleitung genannte Perronsche Satz.

Satz 5 (Hauptsatz): Die Koeffizienten $A_{ik\mu}(x)$ des Systems linearer Differentialgleichungen (unter denen sich speziell endliche Gleichungen befinden können)

$$(\mathrm{V}) \quad \sum_{\mu=0}^{p_i} \sum_{k=1}^{n} A_{ik\mu}\, y_k^{(\mu)} = 0 \quad (i = 1, \ldots, n;\ p_i \geqq 0;\ \text{nicht alle } p_i = 0)$$

seien in dem einfach zusammenhängenden Bereich $\mathfrak{B}$ regulär; die Determinante

$$|A_{ikp_i}| = \begin{vmatrix} A_{11p_1} & \ldots & A_{1np_1} \\ \ldots & \ldots & \ldots \\ A_{n1p_n} & \ldots & A_{nnp_n} \end{vmatrix}$$

sei nicht identisch Null und habe in $\mathfrak{B}$ genau s Nullstellen (mehrfache mehrfach gezählt); ferner sei $s < \sum_{i=1}^{n} p_i$.

Dann hat das System (V) mindestens $\sum_{i=1}^{n} p_i - s$ linear unabhängige und im ganzen Bereich $\mathfrak{B}$ reguläre Lösungen.

Beweis:

Es sei $p = \operatorname{Max} p_i$. Das System

$$(20) \quad \frac{d^{p-p_i}}{dx^{p-p_i}} \sum_{\mu=0}^{p_i} \sum_{k=1}^{n} A_{ik\mu}\, y_k^{(\mu)} = 0 \qquad (i = 1, \ldots, n)$$

erfüllt die Voraussetzungen des Satzes 4 und hat daher $N \geqq np - s$ linear unabhängige Lösungen

$$y_{i1}, \ldots, y_{iN} \qquad (i = 1, \ldots, n).$$

Es sind also die Ausdrücke

$$\sum_{\mu=0}^{p_i} \sum_{k=1}^{n} A_{ik\mu}\, y_{i\nu}^{(\mu)} = P_{i\nu}(x) \qquad (i = 1, \ldots, n;\ \nu = 1, \ldots, N)$$

Polynome von höchstens $(p - p_i - 1)$-tem Grad bzw. identisch Null im Fall $p_i = p$. Wir stellen nun lineare Verbindungen

$$(21) \quad \sum_{\nu=1}^{N} C_\nu\, y_{i\nu} \qquad (i = 1, \ldots, n)$$

dieser Lösungen auf, welchen ebensolche Polynome

$$\sum_{\mu=0}^{p_i} \sum_{k=1}^{n} A_{ik\mu} \sum_{\nu=1}^{N} C_\nu\, y_{i\nu}^{(\mu)} = \sum_{\nu=1}^{N} C_\nu\, P_{i\nu}(x) \qquad (i = 1, \ldots, n)$$

entsprechen, und suchen die Konstanten $C_1, \ldots, C_N$ so zu bestimmen, daß diese letzten Polynome identisch verschwinden, d. h. daß (21) eine Lösung von (V) ist. Dies gibt

$$\sum_{i=1}^{n}(p-p_i) = np - \sum_{i=1}^{n} p_i$$

homogene lineare Bedingungsgleichungen für die C_ν; man kann also auf mindestens

$$N-(np-\sum_{i=1}^{n} p_i) \geq \sum_{i=1}^{n} p_i - s$$

linear unabhängige Arten die Konstanten C_ν in der gewünschten Art bestimmen, woraus die Behauptung folgt.

Ein Spezialfall von Satz 5 ist

Satz 6: Sind die $A_{ik\mu}$ des Satzes 5 ganze Funktionen und hat $|A_{ikp_i}|$ in der ganzen x-Ebene genau s Nullstellen (mehrfache mehrfach gezählt), ist ferner $s < \sum_{i=1}^{n} p_i$, dann hat das System (V) mindestens $\sum_{i=1}^{n} p_i - s$ linear unabhängige Lösungen, die ganze Funktionen sind.

Über Maxima und Minima und eine Modifikation des Begriffs der höheren Ableitungen.

Von **O. Perron.**

Vorgelegt in der Sitzung am 12. Juni 1926.

§ I. Einleitung.

In der Differentialrechnung beweist man gewöhnlich die beiden folgenden Sätze:

A. Die Funktion $f(x)$ hat, wenn $f'(x_0) = 0$, wenn ferner $f''(x_0)$ positiv (negativ) ist und wenn $f''(x)$ an der Stelle x_0 stetig ist, an dieser Stelle ein Minimum (Maximum).

B. Die Funktion $f(x_1, x_2, \ldots, x_m)$ hat, wenn

$$f'_{x_\mu}(x_1^0, x_2^0, \ldots, x_m^0) = 0 \qquad (\mu = 1, 2, \ldots, m),$$

wenn ferner die quadratische Form

$$\sum_{\lambda=1}^{m} \sum_{\mu=1}^{m} f''_{x_\lambda x_\mu}(x_1^0, x_2^0, \ldots, x_m^0)\, X_\lambda X_\mu$$

positiv (negativ) definit ist und wenn die zweiten Ableitungen an der Stelle $x_1^0, \ldots, x_m^0$ stetig sind, an dieser Stelle ein Minimum (Maximum).

In dem Satz A kann die Voraussetzung, daß $f''(x)$ stetig ist, glatt gestrichen werden; $f''(x)$ braucht außerhalb der Stelle x_0 überhaupt nicht zu existieren[1]). Dagegen darf in Satz B die Voraussetzung, daß die zweiten Ableitungen stetig sind, nicht

[1]) Ohne diese Voraussetzung ist der Satz z. B. bei H. von Mangoldt bewiesen: Einführung in die höhere Mathematik, Bd. 2.

gestrichen werden, selbst dann nicht, wenn durchweg $f''_{x_\lambda x_\mu} = f''_{x_\mu x_\lambda}$ ist, wie folgendes Beispiel zeigt:

$$f(x, y) = \begin{cases} x^2 + y^2 - \dfrac{5x^2 y^2}{x^2 + y^2} & \text{für } x^2 + y^2 > 0, \\ 0 & \text{für } x = y = 0. \end{cases}$$

Hier ist nämlich am Nullpunkt

$$f'_x = 0, \quad f'_y = 0,$$
$$f''_{xx} = 2, \quad f''_{xy} = f''_{yx} = 0, \quad f''_{yy} = 2.$$

Die quadratische Form $2X^2 + 2Y^2$ ist positiv definit, aber trotzdem hat die Funktion im Nullpunkt kein Minimum; denn es ist z. B.

$$f(x, x) = 2x^2 - \frac{5x^2}{2} < 0.$$

Dieser Unterschied im Verhalten der Funktionen einer Variabeln und mehrerer Variabeln kann beseitigt werden, wenn man den Begriff „Ableitung" durch einen etwas anderen ersetzt, den ich „Derivat" nenne. Die Derivate werden bei Funktionen einer Variabeln und bei Funktionen mehrerer Variabeln völlig einheitlich definiert. Trotzdem greift der Begriff „Derivat" bei Funktionen einer Variabeln über den Begriff „Ableitung" hinaus, insofern die Existenz der n^{ten} Ableitung auch die Existenz des n^{ten} Derivats nach sich zieht, aber nicht umgekehrt. Bei Funktionen von mehreren Variabeln greift er aber nur teilweise über den Begriff der Ableitung hinaus und bleibt in anderer Richtung dahinter zurück.

§ 2. Die Derivate einer Funktion von einer Variabeln.

Sei $f(x)$ eine reelle Funktion der reellen Variabeln x. Das erste Derivat von $f(x)$ definieren wir durch die Formel

$$(1) \qquad \mathfrak{D}^1 f(x) = \mathfrak{D} f(x) = \lim_{h \to 0} \frac{f(x+h) - f(x)}{h}.$$

Das erste Derivat deckt sich also mit der ersten Ableitung; seine Existenz (d. h. auch Endlichkeit) an einer Stelle x zieht die Stetigkeit der Funktion an der Stelle x nach sich. Dagegen definieren wir die höheren Derivate rekurrent durch die Formel

$$(2)\quad \mathfrak{D}^n f(x) = n!\lim_{h\to 0}\frac{f(x+h)-f(x)-h\mathfrak{D}f(x)-\cdots-\frac{h^{n-1}}{(n-1)!}\mathfrak{D}^{n-1}f(x)}{h^n}.$$

Es wird also bei der Definition des n^{ten} Derivates an einer Stelle x auch die Existenz der vorausgehenden Derivate nur an der Stelle x verlangt, während die Definition der n^{ten} Ableitung erfordert, daß die früheren Ableitungen nicht nur an der betreffenden Stelle, sondern auch in der Umgebung existieren. Nun beweisen wir den

Satz 1. Wenn an einer Stelle x die n^{te} Ableitung $f^{(n)}(x)$ existiert, so existiert auch das n^{te} Derivat $\mathfrak{D}^n f(x)$ und es ist $\mathfrak{D}^n f(x) = f^{(n)}(x)$.

Der Satz ist zunächst richtig für $n = 1$. Seine Allgemeingültigkeit beweisen wir durch den Schluß von $n - 1$ auf n. Wir nehmen daher als bereits bewiesen an, daß

$$(3)\qquad \mathfrak{D}^\nu f(x) = f^{(\nu)}(x) \qquad (\nu = 1, 2, \ldots, n-1)$$

ist. Dann muß gezeigt werden, daß, wenn $f^{(n)}(x)$ existiert, der Bruch in (2) für $h \to 0$ dem Grenzwert $\frac{1}{n!}f^{(n)}(x)$ zustrebt. Dieser Bruch ist aber mit Rücksicht auf (3) gleich

$$\frac{f(x+h)-f(x)-hf'(x)-\cdots-\frac{h^{n-1}}{(n-1)!}f^{(n-1)}(x)}{h^n}.$$

Hier streben nun Zähler und Nenner nach 0; nach einer bekannten Regel wird man also die Berechnung des Grenzwerts dadurch versuchen, daß man Zähler und Nenner nach h differenziert. In dem neuen Bruch streben dann, weil $f'(x)$ wegen der Existenz von $f^{(n)}(x)$ stetig ist, Zähler und Nenner wieder nach 0 und man kann das Verfahren wiederholen usw. Nach dem $(n-1)^{\text{ten}}$ und n^{ten} Schritt ergibt sich schließlich:

$$\lim_{h\to 0}\frac{f(x+h)-f(x)-hf'(x)-\cdots-\frac{h^{n-1}}{(n-1)!}f^{(n-1)}(x)}{h^n}$$

$$=\lim_{h\to 0}\frac{f^{(n-1)}(x+h)-f^{(n-1)}(x)}{n!\,h}=\frac{1}{n!}f^{(n)}(x),$$

womit der Satz bewiesen ist.

Daß anderseits der Begriff des Derivats allgemeiner als der der Ableitung ist, mögen folgende Beispiele zeigen:

Erstes Beispiel:

$$f(x) = \begin{cases} x^3 \sin \frac{1}{x} \text{ für } x \neq 0 \\ 0 \text{ für } x = 0. \end{cases}$$

Hier ist die erste Ableitung, also auch das erste Derivat am Nullpunkt gleich 0:
$$\mathfrak{D} f(0) = f'(0) = 0.$$

Die zweite Ableitung ist am Nullpunkt nicht vorhanden, wohl aber das zweite Derivat, und zwar ist

$$\mathfrak{D}^2 f(0) = 2 \lim_{h \to 0} \frac{f(h) - f(0) - h\,\mathfrak{D} f(0)}{h^2} = 2 \lim_{h \to 0} h \sin \frac{1}{h} = 0.$$

Zweites Beispiel:

$$f(x) = a_0 + a_1 x + \frac{a_2}{2!} x^2 + \cdots + \frac{a_n}{n!} x^n + x^{n+1} w(x),$$

wo $w(x)$ eine stetige, aber nirgends differenzierbare Funktion ist. Hier ist

$$\mathfrak{D} f(0) = f'(0) = \lim_{h \to 0} \frac{f(h) - a_0}{h} = a_1.$$

Für $x \neq 0$ ist dagegen die erste Ableitung (also auch das erste Derivat) gar nicht vorhanden, so daß die höheren Ableitungen auch für $x = 0$ nicht existieren. Wohl aber existieren die Derivate bis zum n^{ten} einschließlich, und zwar ist

$$\mathfrak{D}^\nu f(0) = a_\nu \qquad (\nu = 1, 2, \ldots, n).$$

Die Theorie der Derivate liefert nun folgendes Kriterium für Maxima und Minima, welches nach dem Bewiesenen allgemeiner ist als das gewöhnliche, in dem Ableitungen statt Derivate vorkommen:

Satz 2. Sei $f(x)$ eine an einer Stelle x_0 stetige reelle Funktion. Wenn dann $\mathfrak{D} f(x_0) = 0$ und wenn n die kleinste Zahl ist, für die $\mathfrak{D}^n f(x_0) \neq 0$, so hat $f(x)$ an der Stelle x_0 bei ungeradem n kein Extremum, bei geradem n aber

ein Minimum, falls $\mathfrak{D}^n f(x_0) > 0$,
ein Maximum, falls $\mathfrak{D}^n f(x_0) < 0$.

Nach der Definition des n^{ten} Derivates ist nämlich

$$\frac{f(x_0+h)-f(x_0)-h\mathfrak{D}f(x_0)-\cdots-\frac{h^{n-1}}{(n-1)!}\mathfrak{D}^{n-1}f(x_0)}{h^n}$$

$$=\frac{1}{n!}[\mathfrak{D}^n f(x_0)+\varepsilon_h],$$

wo $\lim\limits_{h\to 0}\varepsilon_h=0$, also nach den Voraussetzungen des Satzes:

$$f(x_0+h)-f(x_0)=\frac{h^n}{n!}[\mathfrak{D}^n f(x_0)+\varepsilon_h],$$

woraus der Satz unmittelbar folgt.

§ 3. Die Derivate einer Funktion von mehreren Variabeln.

Sei $f(x_1,\ldots,x_m)$ eine reelle Funktion von m reellen Variabeln. Wenn dann $x_1,\ldots,x_m$ ein festes Wertsystem und wenn x_1+h_1, $\ldots$, x_m+h_m ein variables Nachbarsystem ist, so sagt man bekanntlich, die Funktion hat an der Stelle $x_1,\ldots,x_m$ ein vollständiges Differential, wenn

$$(4)\quad\left\{\begin{aligned}&f(x_1+h_1,\ldots,x_m+h_m)-f(x_1,\ldots,x_m)\\&=a_1h_1+\cdots+a_mh_m+(|h_1|+\cdots+|h_m|)\,\varphi(h_1,\ldots,h_m)\end{aligned}\right.$$

ist, wobei

$$(5)\qquad \varphi(h_1,\ldots,h_m)\longrightarrow 0 \text{ für } |h_1|+\cdots+|h_m|\longrightarrow 0.$$

Die Zahlen $a_1,\ldots,a_m$ sind durch diese Forderung eindeutig bestimmt. Wir nennen sie die ersten partiellen Derivate der Funktion:

$$a_\mu=\mathfrak{D}_{x_\mu}f(x_1,\ldots,x_m)\qquad(\mu=1,2,\ldots,m).$$

Dann können wir die Gleichung (4) symbolisch so schreiben:

$$(6)\quad\left\{\begin{aligned}&f(x_1+h_1,\ldots,x_m+h_m)-f(x_1,\ldots,x_m)\\&=(h_1\mathfrak{D}_{x_1}+\cdots+h_m\mathfrak{D}_{x_m})f(x_1,\ldots,x_m)\\&\quad+(|h_1|+\cdots+|h_m|)\,\varphi(h_1,\ldots,h_m).\end{aligned}\right.$$

Nach dieser Definition zieht die Existenz der ersten Derivate offenbar die Stetigkeit der Funktion für das betreffende Wertsystem nach sich. Wenn die ersten partiellen Ableitungen f'_{x_μ} vorhanden und stetig sind, so ist bekanntlich $a_\mu=f'_{x_\mu}$, also auch

$$(7)\qquad \mathfrak{D}_{x_\mu}f=f'_{x_\mu}\qquad(\mu=1,2,\ldots,m).$$

Wenn dagegen die ersten partiellen Ableitungen f'_{x_μ} zwar vorhanden, aber nicht sämtlich stetig sind, braucht ein vollständiges Differential nicht zu existieren, also brauchen auch die ersten Derivate nicht zu existieren[1]). Anderseits, wenn die ersten Derivate existieren, wenn es also ein vollständiges Differential gibt, so existieren stets auch die ersten Ableitungen und es gelten die Gleichungen (7); die Ableitungen brauchen aber nicht stetig zu sein[2]).

Die n^{ten} partiellen Derivate

$$\mathfrak{D}^n_{x_1^{\lambda_1} \ldots x_m^{\lambda_m}} f(x_1, \ldots, x_m) \qquad (\lambda_1 + \lambda_2 + \cdots + \lambda_m = n)$$

werden, wenn die $1^{\text{ten}}, 2^{\text{ten}}, \ldots, (n-1)^{\text{ten}}$ bereits definiert sind, durch die symbolische Formel definiert:

$$(8) \quad \begin{cases} f(x_1 + h_1, \ldots, x_m + h_m) - f(x_1, \ldots, x_m) = (h_1 \mathfrak{D}_{x_1} + \cdots \\ \quad + h_m \mathfrak{D}_{x_m}) f + \cdots + \dfrac{1}{n!}(h_1 \mathfrak{D}_{x_1} + \cdots + h_m \mathfrak{D}_{x_m})^n f \\ \quad + (|h_1| + \cdots + |h_m|)^n \varphi_n(h_1, \ldots, h_m), \end{cases}$$

wobei wieder

$$(9) \qquad \varphi_n(h_1, \ldots, h_m) \to 0 \text{ für } |h_1| + \cdots + |h_m| \to 0.$$

Man sieht leicht, daß sie durch diese Formel eindeutig bestimmt sind. Speziell für $m = 1$ läuft die Formel, wenn man sie durch h_1^n dividiert, genau auf die Definitionsformel (2) hinaus.

Wenn für ein Wertsystem $x_1, \ldots, x_m$ alle n^{ten} partiellen Ableitungen existieren und stetig sind, so existieren auch die n^{ten} Derivate und sie sind den entsprechenden Ableitungen gleich. Wenn aber die Ableitungen existieren und nicht alle stetig sind, brauchen die Derivate nicht zu existieren; der Derivatbegriff bleibt also hinter dem Ableitungsbegriff in dieser Richtung etwas zu-

---

[1]) Beispiel:

$$f(x, y) = \begin{cases} \dfrac{x y^2}{x^2 + y^2} & \text{für } x^2 + y^2 > 0 \\ 0 & \text{für } x = y = 0. \end{cases}$$

[2]) Beispiel:

$$f(x, y) = \begin{cases} x^2 \sin \dfrac{1}{x} & \text{für } x \neq 0 \\ 0 & \text{für } x = 0. \end{cases}$$

rück; das gilt sogar schon für die ersten Derivate. In andrer Richtung bleibt aber auch der Ableitungsbegriff hinter dem Derivatbegriff etwas zurück. Denn wenn für ein Wertsystem $x_1, \ldots, x$ die n^{ten} Derivate existieren, so brauchen die ν^{ten} Derivate für $\nu < n$ ebenfalls nur für das betreffende Wertsystem zu existieren, in welchem Fall die n^{ten} Ableitungen nicht vorhanden sind. Als Beispiel betrachten wir die Funktion

$$f(x_1, \ldots, x_m) = (x_1 + \cdots + x_m)^{n+1}\, w(x_1 + \cdots + x_m),$$

wo w eine stetige, aber nirgends differenzierbare Funktion ist. Hier sind für das Wertsystem $x_1 = \cdots = x_m = 0$ alle Derivate bis zu den n^{ten} einschließlich vorhanden und gleich 0, während die zweiten und höheren Ableitungen gar nicht existieren.

Die Derivate liefern nun sofort das folgende Kriterium für Maxima und Minima, welches dem für Funktionen einer Variabeln völlig analog ist.

Satz 3. Sei $f(x_1, \ldots, x_m)$ eine für das Wertsystem $x_1^0, \ldots, x_m^0$ stetige reelle Funktion. Wenn dann die ersten Derivate

$$\mathfrak{D}_{x_\mu} f(x_1^0, \ldots, x_m^0) \qquad (\mu = 1, 2, \ldots, m)$$

sämtlich verschwinden und wenn n die kleinste Zahl ist derart, daß die n^{ten} Derivate nicht sämtlich verschwinden, so hat die Funktion für das Wertsystem $x_1^0, \ldots, x_m^0$ ein Minimum (Maximum), wenn die symbolische Potenz

$$(\mathfrak{D}_{x_1} X_1 + \cdots + \mathfrak{D}_{x_m} X_m)^n f(x_1^0, \ldots, x_m^0)$$

eine positiv (negativ) definite Form ist. Dagegen liegt kein Extremum vor, wenn die symbolische Potenz eine indefinite Form ist, also insbesondere, wenn n ungerade ist.

Inhalt.

Akademische Buchdruckerei F. Straub in München.

www.ingramcontent.com/pod-product-compliance
Lightning Source LLC
Chambersburg PA
CBHW031449180326
41458CB00002B/706
9783486751925